普通高等教育“十三五”规划教材

固体废物处理与资源化实验

第二版

赵由才　赵天涛　宋立杰　等编

化学工业出版社
·北京·

《固体废物处理与资源化实验》（第二版）教材是与“十二五”普通高等教育本科国家级规划教材《固体废物处理与资源化》（第三版）（赵由才等编）相互配套的，共有41个实验，主要内容包括生活垃圾、危险废物、一般工业废物、建筑废物、城市污泥等的单项或组合处理技术。绝大部分实验是由学生自行操作的，也有一些难度较大的实验是模拟性质的。

《固体废物处理与资源化实验》（第二版）可作为高等院校环境工程、市政工程专业学生的实验用书，也可供从事固体废物处理的科研和工程技术人员参考。

图书在版编目（CIP）数据

固体废物处理与资源化实验/赵由才等编.—2版.—北京：化学工业出版社，2018.8（2023.5重印）

普通高等教育“十三五”规划教材

ISBN 978-7-122-32576-1

Ⅰ.①固… Ⅱ.①赵… Ⅲ.①固体废物处理-高等学校-教材 Ⅳ.①X705

中国版本图书馆CIP数据核字（2018）第152117号

责任编辑：满悦芝　　　　文字编辑：王　琪

责任校对：王素芹　　　　装帧设计：张　辉

出版发行：化学工业出版社（北京市东城区青年湖南街13号　邮政编码100011）

印　　装：北京七彩京通数码快印有限公司

787mm×1092mm　1/16　印张 9¾　字数240千字　　2023年5月北京第2版第4次印刷

购书咨询：010-64518888　　　　售后服务：010-64518899

网　　址：http://www.cip.com.cn

凡购买本书，如有缺损质量问题，本社销售中心负责调换。

定　　价：39.00元

前 言

《固体废物处理与资源化实验》一书出版以来，深受相关专业师生和从事环境保护工作的技术和管理人员欢迎。然而，固体废物处理与资源化技术发展迅速，为了充分反映10年来固体废物处理与资源化的发展成果，特对本书进行修订。

固体废物可分为生活垃圾、危险废物、建筑废物、一般工业固体废物（无毒无害工业废物）、城市污泥、生物质废物等。长期以来，固体废物的末端处置方法主要是卫生填埋或安全填埋，近年来正在朝着全量资源化利用的方向发展。固体废物处理与资源化实验，描述了各种常规表征、处理、末端处置技术的基本内容。本书适合于环境工程、市政工程、环境科学、农业环境保护等专业本科生必修课或选修课的实验课堂教学，内容包括生活垃圾、危险废物、一般工业废物、建筑废物、城市污泥等的单项或组合处理技术。本实验教材可与赵由才主编的《固体废物处理与资源化》（第三版）教材相互配套使用。与第一版相比，将“危险废物（飞灰）浸出毒性鉴别实验”修订为“危险废物重金属浸出毒性鉴别实验”，补充了“粉末固体废物自然堆积密度测试实验”“粉末类危险废物压缩密度实验”“生活垃圾焚烧飞灰玻璃化熔融实验”三个实验。绝大部分实验是由学生自行操作的，也有一些难度较大的实验是模拟性质的。周涛、夏发发、郑毅等参与了第二版实验教材的编写工作。

编 者

2018年8月

第一版前言

“固体废物处理与资源化”是高等学校环境工程、市政工程、环境科学、农业环境保护等专业本科生的必修课或选修课，内容一般包括生活垃圾、危险废物、一般工业废物、建筑垃圾等。由于自来水厂和污水处理厂产生的污泥与生活垃圾有一定的相似之处，可把污泥作为固体废物的一类讲授。放射性废物的性质非常特殊，一般不列入固体废物讲授范围。

经过多年的努力，我国在“固体废物处理与资源化”课程的教材建设方面已经取得了很大进展。本书的编写人员也于2006年由化学工业出版社出版发行了《固体废物处理与资源化》教材，影响颇佳。“固体废物处理与资源化”基本上是实践为主的课程，绝大部分内容是讲授各类固体废物的处理与资源化技术、工程措施和基本流程，因此要求教师在课堂讲授的同时，还应该带领学生到现场实习、参观、实践等。

然而，仅仅到现场短时间接触实际情况是无法满足课程学习需要的，学生也很难深刻理解每一种处理与资源化方法的核心内容。编者多年来一直从事“固体废物处理与资源化”课程的教学工作，认为除了课堂讲授、现场实习以外，非常重要的一点是创造条件让学生能够根据课堂讲授的内容进行实验室的操作和实践，以加深学生对各种方法和技术的认识和感知。

据编者了解，目前我国还未有任何有关固体废物处理与资源化实验教材出版发行。

全书由宋立杰、赵天涛和赵由才担任主编，编写人员分工如下：宋立杰编写实验一～实验四、实验七、实验八、实验十、实验十二～实验十七、实验二十～实验二十五、实验二十九、实验三十、实验三十三～实验三十五、附录，赵天涛编写实验四、实验五、实验八～实验十一、实验十八、实验十九、实验二十六、实验三十一、实验三十二，赵由才编写实验六、实验八、实验九、实验十六、实验十七、实验二十、实验二十九、实验三十、实验三十六～实验三十八，李鸿江编写实验二十六～实验二十八，张丽杰编写实验三十一、实验三十二，顾莹莹编写实验二十六，郭秀军编写实验二十七，王星编写实验十七，王莉编写实验二十九，蒋家超编写实验三十六～实验三十八。

由于时间及编者水平所限，书中疏漏之处，敬请广大读者批评指正。

编　者

2008年1月于同济

目　录

实验一　固体废物的采样与制样

一、实验目的

固体废物的产生过程决定了其具有很大的不均匀性。对于特定的固体废物，只有通过采样分析才能确定其具体的组成和特性，从而制定出合理可行的无害化处理处置或资源化利用技术方案。

在固体废物的分析中，采集固体废物样品是一个十分重要的环节。所采集样本的质量如何直接关系到分析结果的可靠性，特别是在实验室对某些有毒有害物质的分析方法已能达到纳克（ng）级高水平的今天，采样可能是造成分析结果变异的主要原因，在某种情况下，它甚至起着决定性作用。有时，为满足实验或分析的要求，对采集的样品还必须进行一定的处理，即固体废物的制样。

通过本实验，可以达到以下目的。

(1) 了解固体废物采样和制样的目的和意义。

(2) 掌握固体废物的采样、制样的基本方法。

(3) 分析固体废物的性质及分析需要，学会制定采样和制样的方案。

二、实验原理和方法

(一) 采样技术

1. 采样工具

采集生活垃圾样品的工具主要有锹、耙、锯、锤子、剪刀等；采集固态工业废物样品的工具主要有锹、锤子、采样探子、采样钻、气动和真空探针、取样铲等；采集液态工业废物样品的工具主要有采样勺、采样管、采样瓶（罐）、泵、搅拌器等。

2. 份样数的确定

根据统计学原理，样品数的多少由两个因素决定：一是样品中组分的含量和固体废物总体中组分的平均含量间所容许的误差，亦即采样准确度的要求问题；二是固体废物总体的不均匀性，总体越不均匀，样品数应越多。

当已知份样间的标准偏差和允许误差时，可按式(1-1) 计算份样数：

$$n \geqslant (ts/\Delta)^{1/2} \tag{1-1}$$

式中　n——必要的份样数；

s——份样间的标准偏差；

Δ——采样允许误差；

t——选定置信水平下的概率度。

取 $n\to\infty$ 时的 t 值作为最初 t 值，以此算出 n 的初值。用对应于 n 初值的 t 值代入，不断迭代，直至算得的 n 值不变，此 n 值即为必要的份样数。

当份样间的标准偏差和允许误差未知时，可按表 1-1～表 1-3 经验确定份样数。

表 1-1 批量大小与最少样品数 单位：t(固体) 或 1000L（液体）

批量大小	最少样品数	批量大小	最少样品数
<1	5	≥100	30
≥1	10	≥500	40
≥5	15	≥1000	50
≥30	20	≥5000	60
≥50	25	≥10000	80

注：摘自《工业固体废物采样制样技术规范》（HJ/T 20—1998）。

表 1-2 贮存容器数量与最少份样数

容器数量	最少份样数	容器数量	最少份样数
1～3	所有	344～517	7～8
4～64	4～5	730～1000	8～9
65～125	5～6	1001～1331	9～10
217～343	6～7		

注：摘自德国环境保护局编《生活垃圾特性分析指南》（1989 年）。

表 1-3 人口数量与生活垃圾分析用最少份样数

人口数量/万人	<50	50～100	100～200	>200
最少份样数	8	16	20	30

3. 份样量的确定

采样误差与样品的颗粒分布、样品中各组分的构成比例以及组分含量有关。因此，当废物组分单一、颗粒分布均匀、污染物成分变化不大时，样品量的大小对采样误差影响不大；反之，则样品量的大小将明显影响采样的精密度。随着样品量的增加，采样误差也随之降低。

与样品数相同，样品量的增加也不是无限度的，否则将给下一步的制样造成负担。样品量的大小主要取决于废物颗粒的粒径上限，废物颗粒越大，均匀性越差，要求样品量也应越大。在采样计划的设计过程中，可根据切乔特公式(1-2) 计算求得最小样品量：

$$Q=Kd^{\alpha} \tag{1-2}$$

式中 Q——应采集的最小样品量，kg；

d——废物最大颗粒直径，mm；

K——缩分系数，废物越不均匀，K 值越大，一般取 $K=0.06$；

α——经验常数，根据废物均匀程度和易破碎程度确定，一般取 $\alpha=1$。

对于液态废物的份样量，以不小于 100mL 的采样瓶（或采样器）所盛量为准。

除计算法外，实际工作时也可参考表 1-4 和表 1-5 选取最小份样量。

4. 采样方法

(1) 简单随机采样法　这是一种最常用、最基本的采样方法。基本原理是：总体中的所有个体成为样品的概率（机会）都是均等的和独立的。在对固体废物中污染物含量分布状况一无所知，或废物的特性不存在明显非随机不均匀性时，简单随机采样法是最为有效的方法。如从沉淀池、贮池和大量件装容器的固体废物中抽取有限单元采集废物样品时等。

表 1-4　根据固体废物最大颗粒直径选取最小份样量

最大颗粒直径/mm	最小份样量/kg	最大颗粒直径/mm	最小份样量/kg
＞150	15	30～40	2.5
100～150	10	20～30	2
50～100	5	5～20	1
40～50	3	≤5	0.5

表 1-5　根据生活垃圾最大颗粒直径选取最小样品量

废物最大颗粒直径/mm	最小样品量/kg		废物最大颗粒直径/mm	最小样品量/kg	
	相当均匀的废物	很不均匀的废物		相当均匀的废物	很不均匀的废物
120	50	200	10	1	1.5
30	10	30	3	0.15	0.15

注：摘自德国环境保护局编《生活垃圾特性分析指南》(1989 年)。

(2) 系统随机采样法　这种方法是利用随机数表或其他目标技术从总体中随机抽取某一个体作为第一个采样单元，然后从第一个采样单元起按一定的顺序和间隔确定其他采样单元采集样品。对连续产生或排放的废物、较大数量件装容器存放的废物等常采用此法，有时也用于散状堆积的废物或渣山采样。这种方法与简单随机采样法相比，具有简便、迅速、经济的优点，但当废物中某种待测组分有未被认识的趋势或周期性变化时，将影响采样的准确度和精密度。

系统随机采样法的采样间隔，可根据份样数和实际批量按式(1-3) 计算：

$$T\leqslant\frac{Q}{n}\text{或}\ T'\leqslant\frac{t}{n}\text{或}\ T''\leqslant\frac{N}{n}\tag{1-3}$$

式中　T——采样单元的质量或体积间隔，kg 或 L；

Q——废物产生质量或体积，kg 或 L；

n——按份样数计算公式计算出的份样数或表 1-1～表 1-3 规定的份样数；

T'——采样单元的时间间隔，d；

t——设定的采样时间段，d；

T''——采样单元的件数间隔；

N——盛装废物容器的件数。

采第一个份样时，不可在第一间隔的起点开始，可在第一间隔内随机确定。

在运送带上或落口处采份样，须截取废物流的全截面。

所采份样的粒度比例应符合采样间隔或采样部位的粒度比例，所得大样的粒度比例应与整批废物流的粒度分布大致相符。

(3) 分层随机采样法　这种方法是将总体划分为若干个组成单元或将采样过程分为若干个阶段（均称为“层”），然后从每一层中随机采集样品。与简单随机采样法相比，该法的优点是：当已知各层间物理化学特性存在差异且层内的均匀性比总体要好时，通过分层采样，降低了层内的变异，使得在样品数和样品量相同的条件下，误差小于简单随机采样法。这种方法常用于批量产生的废物和当废物具有非随机不均匀性并可明显加以区分时。

最少样品数在各层中的分配，可按式(1-4) 计算获得：

$$n_i=\frac{nQ_i}{Q} \tag{1-4}$$

式中 n_i——第 i 层的样品数；

n——按份样数计算公式计算出的份样数或表 1-1～表 1-3 规定的份样数；

Q_i——第 i 层的废物质量，kg；

Q——废物总体质量，kg。

层可以是体积、质量，也可以是容器个数或产生批次等。

分层随机采样法也常用于生活垃圾的分类采样，如不同炊事燃料结构生活垃圾的组成、灰分、热值、渗滤液性质分析等。

(4) 多段式采样法　所谓多段式采样法，就是将采样的过程分为两个或多个阶段来进行，先抽取大的采样单位，再从大的采样单位中抽取采样单元，而不是像前三种采样方法那样直接从总体中抽取采样单元的方法。需要注意的是，多段式采样法与分层随机采样法是不一样的。分层随机采样法中的“层”的概念，一般是按照一定属性和特征将总体划分为若干性质较为接近的类型、组、群等，再从其中抽取采样单元，因此，分层的意义在于缩小各采样单元之间的差异程度。而多段式采样法则是由于总体范围太大，难以直接抽取采样单元，从而借助中间阶段作为过渡，即除了最后一个阶段是抽取采样单元外，其余阶段都是为了得到采样单元而抽取的中间单位。

多段式采样法常用于对区域生活垃圾产生量、垃圾分类和垃圾组分分析时的采样。

每一阶段抽取中间单位的个数，根据采样目的来确定。也可以用式(1-5) 计算：

$$n_1 \geqslant 3\sqrt[3]{N_0}\ \text{(小数进整数)} \tag{1-5}$$

式中 n_1——第二阶段抽取的中间单位个数；

N_0——总体的个数。

(5) 权威采样法　这是一种依赖采样者对检测对象的认识（如特性结构、抽样结构）和判断以及积累的工作经验来确定采样位置的方法，该方法所采集的样品为非随机样品。尽管该法有时也能采集到有效的样品，但在对大多数废物的化学性质鉴别来说，建议不采用这种方法。

综上所述，如果对废物的化学污染物性质和分布一无所知，则简单随机采样法是最适用的采样方法，随着对废物性质资料的积累，则可更多地考虑选用（按所需资料多少的顺序）分层随机采样法、系统随机采样法，有时还有权威采样法。各种采样方法既可以单独使用，在一定情况下也可以结合起来使用，如多段式采样法与权威采样法的结合使用等。

5. 采样点和采样操作方法

(1) 生活垃圾采样　如果在市内设立垃圾采样点，应首先考虑垃圾的产生范围。如果在垃圾堆放场采样，则应注意所采样品的真实性和代表性。

进行垃圾采样作业时，主要采取下列方法。

① 大于 3m^3 的垃圾池（坑、箱）采用立体对角线布点采样法（图 1-1），在等距离

（不少于 3 个）点处采集垃圾样品（图 1-2），然后制备成混合样，共 100～200kg。

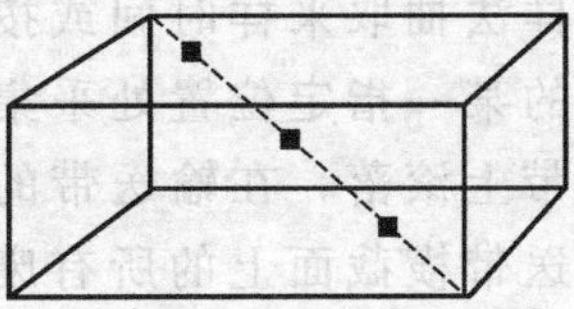

图 1-1　立体对角线布点采样法

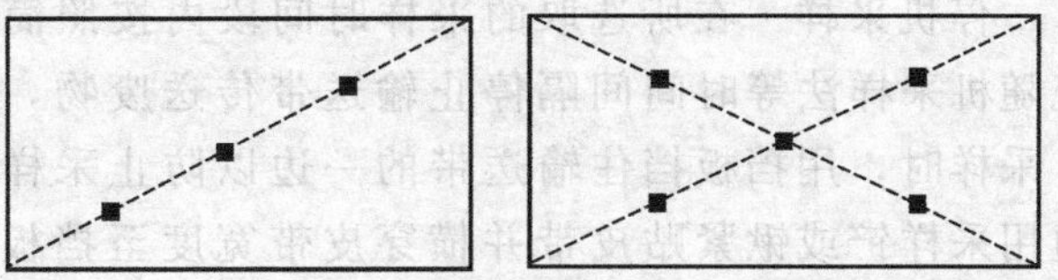

图 1-2　大于 $3m^3$ 的垃圾池（坑、箱）采样点位置

② 小于 $3m^3$ 的垃圾箱（桶）　采用垂直分层采样法，层的数量和高度依照盛装垃圾量的多少确定（表 1-6），然后将各层样品按照表 1-6 中对应的各层份样的体积比进行混合制得混合样，每个混合样质量不少于 20kg。

表 1-6　小于 $3m^3$ 的垃圾箱（桶）的采样位置

按容器直径计算所装垃圾的高度/%	按容器直径计算采取垃圾样品的间隔高度/%			按混合样品的总体积计算各层份样的体积/%		
	上层	中层	下层	上层	中层	下层
100	80	50	20	30	40	30
90	75	50	20	30	40	30
80	70	50	20	20	50	30
70		50	20		60	40
60		50	20		50	50
50		40	20		40	60
40			20			100
30			15			100
20			10			100
10			5			100

③ 垃圾车　采集当天收运到垃圾堆放场（焚烧厂、填埋场）的垃圾车内的垃圾，在间隔的每辆车内或在其卸下的垃圾堆中采用立体对角线布点采样法在 3 个等距离点采集份样，每份样不少于 20kg，然后等量混合制备成混合样，混合样为 100～200kg，每次采样不少于 5 车。

④ 垃圾流　在垃圾焚烧厂、堆肥厂的垃圾输送过程中，利用系统随机采样法等时间间隔采集垃圾样品，采样工具的宽度应与输送带宽度相同，并能够接到垃圾流整个横截面的垃圾，每一次间隔内采集的份样品不少于 20kg，混合样为100～200kg。

（2）工业固体废物采样

① 件装容器采样

a. 袋装块、粒状废物　将盛装废物的袋子倾斜 45°角并打开袋口，用长铲式采样器从袋中心处插入至袋底后抽出，所采集的废物样品作为 1 个样品。

b. 袋装污泥状废物　打开袋口，将探针从袋的中心处垂直插入至袋底，旋转 90°后抽出，用木片将探针槽内的泥状物刮入预先准备好的样品容器内，然后再在第一个采样位置半径 10～15cm 处按照相同的方法采集样品，直至采集到所需样品量。

c. 袋装干粉状废物　将盛装废物的袋子倾斜 30°角，打开袋口，将套筒式采样器开口向下从袋中心处插入至袋底，旋转并轻轻晃动几下后抽出，将套筒式采样器内的样品倒在预先铺好的塑料布上，然后转移到样品容器中。

d. 桶（箱）装废物　打开桶（箱）盖子，根据废物颗粒直径大小选择采样器，按表 1-6 所示采样位置进行采集样品，并制得混合样。

② 输送带（或连续产生、排放时）采样

a. 停机采样　在所选取的采样时间段内按照简单随机采样法抽取采样时间或按照系统随机采样法等时间间隔停止输送带传送废物，在输送带的某一指定位置处采集样品。采样时，用挡板挡住输送带的一边以防止采样时废物从带上滚落，在输送带的另一边用采样铲或锹紧贴皮带并横穿皮带宽度至挡板，采集输送带横截面上的所有废物颗粒作为样品。

b. 不停机采样　在所选取的采样时间段内按照简单随机采样法抽取采样时间或按照系统随机采样法等时间间隔从出料口采样，采样时，用勺式采样器从料口的一端匀速拉向另一端接取完整废物流，每接取一次作为1个样品。

③ 贮罐（仓）采样　对贮罐（仓）废物的采样，应尽可能在装卸废物过程中按②或①中的“d. 桶（箱）装废物”采样方法进行操作。当只能在卸料口采样时，应预先将卸料口灰尘等杂物清除干净，并根据卸料口的直径和长度放空适当量废物后再采集样品。采样时，用布袋或桶接住料口，按设定的样品数逐次放出废物，每次放料时间相等，然后将袋或桶中废物混匀，按①方法采集样品。每接取一次废物，作为一个采样单元，采集1个样品。

④ 池（坑、塘）采样　将池（坑、塘）划分为设定样品数的5倍数若干面积相等的网格，顺序编号后用随机数表抽取与样品数相等的网格作为采样单元采集样品。采样时，在网格的中心位置处用土壤采样器或长铲式采样器垂直插入到废物的指定深度并旋转90°后抽出，作为1个样品。当池（坑、塘）内废物较厚时，应分上、中、下层采集份样品，等量（体积或质量）混合后再作为1个样品。

当废物从池（坑、塘）一端进入时，也可采用分层随机采样法采集样品。采样时，将池（坑、塘）按长度或面积单位分为上、中、下三个区，根据各区大小分配设定的样品数采样。

⑤ 车内采样　可按照桶（箱）装废物采样方法进行采样。一车废物既可以作为一个采样单元采集样品，也可以在车内采集多个样品。

⑥ 脱水机上采样

a. 带式压滤机采样　可按照②方法进行采样。

b. 离心机采样　可按照下面⑦方法进行采样。

c. 板框压滤机采样　将压滤机各板框顺序编号，用抽签的方法抽取不少于30%的板框数作为采样单元，在完成压滤脱水后取下，用小铲将废物刮下，每个板框采集的废物等量（体积或质量）混合后作为1个样品。

⑦ 散状堆积废物采样

a. 堆积高度小于0.5m独立散状堆积废物　将废物堆摊平成10cm左右厚度的矩形后，等面积划分出设定样品数5倍数的网格，顺序编号，用随机数表抽取设定样品数的网格作为采样单元，在网格中心位置处用采样铲或锹垂直采集全层厚度的废物，一个网格采集的废物作为1个样品。

b. 数个连在一起的散状堆积废物　首先选择最新堆积的废物堆，用系统随机采样法采样。当无法判断堆积时间时，用抽签方法抽取若干废物堆，对各堆用系统随机采样法采样，每堆各点采集的份样品等量（体积或质量）混合后组成1个样品。当堆积高度在0.5～1.5m时，在废物堆距地面的1/3和2/3高度处垂直于中轴各设一个横截面，以上下截面份样品数之比为 3∶5 的比例分配份样品数，每堆采集的份样品数不少于 8 个；当堆积高度在 1.5m 以上时，在废物堆距地面 1/3、1/2 和 2/3 高度处垂直于中轴各设一个横截面，以上下截面份样品数之比为 3∶5∶7 的比例分配份样品数，每堆采集的份样品数不少于 15 个。采样时，量出各横截面的周长，以单位长度作为一个采样单元，随机抽取第一个采样单元后等长度间隔确定其他采样单元，用适宜的采样器垂直于中轴插入，采集距表面 10cm 深度的废物作为样品。

⑧ 渣山采样

a. 在堆积过程中采样　当废物用输送带连续输送时，按②方法进行采样；当废物用运输车辆装卸时，按⑤方法进行采样，无法在车内采样时，可按⑦方法采集样品。

b. 在填埋作业面边缘采样　首先用皮尺丈量填埋作业面的边缘长度，按设定样品数 5 倍数进行等分后顺序编号，并确定采样的长度间隔；在第一个等分长度内，用抽签的方法确定具体采样位置采集第一个样品，然后等长度间隔采集其他样品。采样时，在随机确定的采样位置处用土壤采样器或铁锹垂直插入到废物中采集样品。

（二）制样技术

1. 制样工具

包括颚式破碎机、圆盘破碎机、玛瑙研磨机、药碾、玛瑙研钵或玻璃研钵、标准套筛、十字分样板、分样铲、挡板、分样器、干燥箱及盛样容器。

2. 制样方法

（1）生活垃圾样品制备

① 分拣　将采集的生活垃圾样品摊铺在水泥地面上，按表 1-7 的分类方法手工分拣垃圾样品，并记录下各类成分的比例或质量。

② 粉碎　分别对各类废物进行粉碎。对灰土、砖瓦、陶瓷类废物，先用手锤将大块敲碎，然后用粉碎机或其他粉碎工具进行粉碎；对动植物、纸类、纺织物、塑料等废物，用剪刀剪碎。粉碎后样品的大小，根据分析测定项目确定。

表 1-7　垃圾成分分类

有机物		无机物		可回收物						其他
动物	植物	灰土	砖瓦、陶瓷	纸类	塑料、橡胶	纺织物	玻璃	金属	木、竹	

③ 混合缩分　根据分拣得到的各类垃圾成分比例或质量，将粉碎后的样品混合缩分。混合缩分采用圆锥四分法，即将样品置于洁净、平整、不吸水的板面（玻璃板、聚乙烯板、木板等）上，堆成圆锥形，每铲由圆锥顶尖落下，使颗粒均匀沿锥尖散落，不要使圆锥中心错位，反复转堆至少三次，达到充分混合。将圆锥顶尖压平，用十字分样板自上压下，分成四等份，然后任取两个对角的等份，重复上述操作至所需分析试样的质量，如图 1-3 所示。

（2）工业固体废物样品制备

① 干燥　使样品能够较容易制备。

将采集的样品均匀平铺在洁净、干燥的搪瓷盘中，置于清洁、阴凉、干燥、通风的房间内自然干燥。当房间内晾晒有多个样品时，可用大张干净滤纸盖在搪瓷盘表面遮挡灰尘，以避免样品受外界环境污染和交叉污染。对颗粒较细的样品（如污泥），在干燥过程中应经常用玛瑙锤或木棒等物翻搅和敲打，以防止干燥后结块。

当样品中的待测组分不具备挥发或半挥发性质时，也可以采用控温箱低温干燥的方法，干燥温度保持在 (105±2)℃。

② 粉碎　经破碎和研磨以减小样品的粒度。

粉碎可用机械或手工完成。将干燥后的样品根据其硬度和粒径的大小，采用适宜的破碎机、粉碎机、研磨机和乳钵等分段粉碎至所要求的粒度。样品粉碎可一次完成，也可以分段完成。在每粉碎一个样品前，应将粉碎机械或工具清扫擦拭干净。

③ 筛分　使样品保证95%以上处于某一粒度范围。

根据样品的最大颗粒直径选择相应的筛号，分阶段筛出全部粉碎后样品。在筛分过程中，筛上部分应全部返回粉碎工序重新粉碎，不得随意丢弃。

④ 混合　使样品达到均匀。

可以利用转堆方法对样品进行手工混合；当样品数量较大时，应采用双锥混合器或V型混合器进行机械混合，以保证样品均匀。对粒径大于25mm的样品，未经粉碎不能混合。

⑤ 缩分　将样品缩分成两份或多份，以减少样品的质量。

a. 圆锥四分法　见前面叙述。

b. 份样缩分法　当样品数量较大时，应采用份样缩分法，此时，要求样品的粒径小于10mm。样品混合后，将其平摊成厚度均匀的矩形平堆，并划分出若干面积相等的网格，然后用分样铲在每个网格中等量取出一份，收集并混合后即为经过一次缩分的样品。如需进一步缩分，应再次粉碎、混合后，按上述方法重复操作至所要求的最小缩分留量。

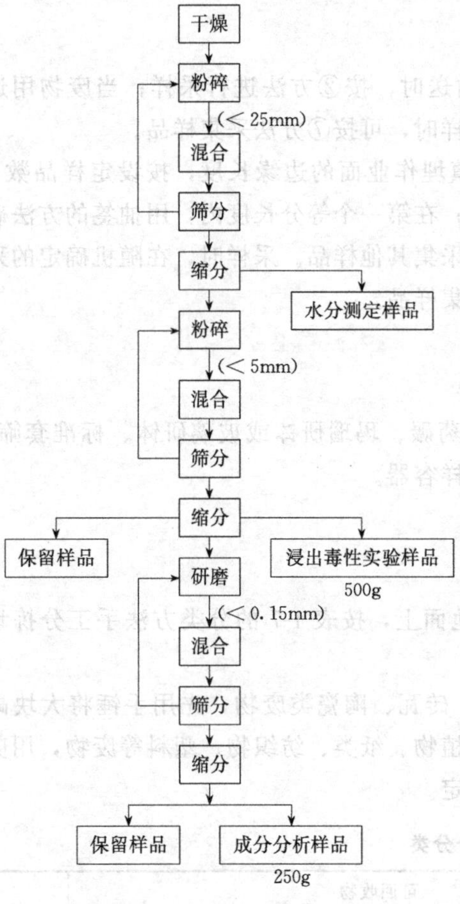

图 1-3　工业固体废物样品制备

c. 二分器缩分法　将样品通过二分器三次混合后，置于给料斗中，轻轻晃动给料斗，使样品沿二分器全部格槽均匀散落，然后随机选取一个或数个格槽作为保留样品。

三、实验步骤

(1) 采样前准备。为了使采集的样品具有代表性，在采集之前要调查研究生产工艺过程、废物类型、排放数量、堆积历史、危害程度和综合利用情况。如采集有害废物则应根据其有害特性采取相应的安全措施。

(2) 根据固体废物的特性确定采样份样数和份样量。安排采样方法及布设采样点。

(3) 采样，同时认真填写采样记录（表 1-8）。

(4) 根据需要制样，并填写制样记录（表 1-9）。

表 1-8　固体废物采样记录

采样时间：________年________月________日　　　　　　　　采样地点：____________

样品名称		废物来源	
份样数		采样法	
份样量		采样人	
采样现场简述			
废物产生过程简述			
采样过程简述			
样品可能含有的主要有害成分			
样品保存方式及注意事项			

表 1-9　固体废物制样记录

制样时间：________年________月________日　　　　　　　　制样地点：____________

样品名称		送样人	
样品量		制样人	
制样目的			
样品性状简述			
制样过程简述			
样品保存方式及注意事项			

四、思考题

（1）固体废物的采样和制样方法有哪些？

（2）如何确定固体废物的份样数和份样量？

实验二 生活垃圾的特性分析

一、实验目的

生活垃圾来自城市生活的各个方面，涉及面非常广泛，性质很不稳定。由于各地气候、季节、生活水平、生活习惯、能源结构及垃圾收集方式的差异，造成城市生活垃圾成分和产量更加多种多样，而且变化幅度也很大。为了有效地进行生活垃圾的技术管理，必须掌握好生活垃圾的特性，在此基础上选择适合的处理方法。

通过本实验，可以达到以下目的。

(1) 了解表征生活垃圾特性的指标参数。

(2) 掌握生活垃圾特性的分析方法。

二、实验原理

城市生活垃圾的性质主要包括物理、化学、生物化学及感官性质。

感官性质是指垃圾的颜色、臭味、新鲜或者腐败的程度等，往往可通过感官直接判断。城市垃圾的物理性质与城市垃圾的组成密切相关，组成不同，物理性质也不同。一般用组分、含水率和容重三个物理量来表示城市垃圾的物理性质。城市垃圾的化学性质对选择加工处理和回收利用工艺十分重要，表示城市垃圾化学性质的特征参数有挥发分、灰分、灰分熔点、元素组成、固定碳及发热值。

三、实验器材

0.5t 小型手推货车；100kg 磅秤；铁锹；竹夹；橡胶手套；剪刀；小铁锤；马弗炉；标准筛；坩埚；容积 100L 的硬质塑料圆桶；干燥箱；锥形瓶等。

四、实验步骤和方法

1. 组成

垃圾组成的分析步骤如下。

(1) 取垃圾试样 25～50kg，按照表 2-1 的分类进行粗分拣。

表 2-1 生活垃圾分拣

有机物		无机物		可回收物						其他
动物	植物	灰土	砖瓦、陶瓷	纸类	塑料、橡胶	纺织物	玻璃	金属	木、竹	

(2) 将粗分拣后的剩余物过 10mm 筛，筛上物细分拣各成分，筛下物按其主要成分分类，无法分类的为混合类。

(3) 分类称量并计算各成分组成，按下式计算：

$$C_{i(\text{湿})}=\frac{M_i}{M}\times 100\% \tag{2-1}$$

$$C_{i(干)}=C_{i(湿)}\frac{1-C_{i(水)}}{1-C_{(水)}} \tag{2-2}$$

式中　$C_{i(湿)}$——湿基某成分含量，%；

M_i——某成分质量，kg；

M——样品总质量，kg；

$C_{i(干)}$——干基某成分含量，%；

$C_{i(水)}$——某成分含水率，%；

$C_{(水)}$——样品含水率，%。

2. 含水率

垃圾含水率的分析步骤如下。

(1) 将各垃圾成分试样破碎至粒径小于15mm后，置于干燥箱中，在(105±5)℃条件下烘4～8h，取下冷却后称量。

(2) 重复烘1～2h，再称量，直至质量恒定。

(3) 计算含水率，按下式计算：

$$C_{i(水)}=\frac{1}{m}\sum_{j=1}^{m}\frac{M_{j(湿)}-M_{j(干)}}{M_{j(湿)}}\times 100\% \tag{2-3}$$

$$C_{(水)}=\sum_{i=1}^{n}C_{i(水)}C_{i(湿)} \tag{2-4}$$

式中　$M_{j(湿)}$——每次某成分湿重，g；

$M_{j(干)}$——每次某成分干重，g；

n——各成分数；

m——测定次数。

其余符号意义同前。

3. 容重

垃圾容重的分析步骤如下。

(1) 将采集的垃圾试样不加处理装满有效高度1m、容积100L的硬质塑料圆桶内，稍加振动但不压实，称取并记录质量(kg)。

(2) 重复2～4次后，垃圾容重(kg/m^3)按下式计算：

$$垃圾容重=\frac{1000}{称量次数}\sum\frac{每次称量质量}{样品体积} \tag{2-5}$$

4. 灰分和可燃物含量

垃圾灰分是指垃圾试样在815℃下灼烧而产生的灰渣量。在815℃下，垃圾试样中的有机物质均被氧化，金属也成为氧化物，这样损失的质量也就是垃圾试样中的可燃物质量。其分析步骤如下。

(1) 称取并记录一系列坩埚质量。

(2) 将粉碎后的各垃圾成分样品按物理组成的比例充分混合后，在每个坩埚中加入适当的量，称取并记录质量。

(3) 将盛放有试样的坩埚放入到马弗炉(或燃烧炉)，在(815±10)℃下灼烧1h，然后取下冷却。

(4) 分别称量并计算含灰量，最后结果取平均值，按下式计算：

$$A=\frac{R-C}{S-C}\times 100\% \tag{2-6}$$

式中 A——垃圾试样的含灰量，%；

R——在 815℃下灼烧后坩埚和试样质量，kg；

S——灼烧前坩埚和试样质量，kg；

C——坩埚的质量，kg。

(5) 垃圾的可燃物含量为 $100\%-A$。

5. 粒度

垃圾粒度的分析步骤如下。

(1) 将一系列不同筛目的筛子分别称量并记录后，按筛目规格序列由小到大排放。

(2) 称取并记录需筛分的试样质量。

(3) 在最上面的筛子上放入需筛分的试样后，连续摇动 15min。

(4) 将每个带有试样的筛子称量后，计算各个筛子上的微粒分数，按下式计算：

$$微粒分数=\frac{(微粒质量+筛子质量)-筛子质量}{总试样质量}\times 100\% \tag{2-7}$$

6. 热值

垃圾的热值分为高位热值和低位热值。所谓高位热值，是指包括产生水蒸气的能量在内的燃烧热量；所谓低位热值，则是比高位热值低的可用热量。其分析步骤如下。

(1) 将垃圾试样粉碎至粒径小于 0.5mm 的微粒。

(2) 在 (105±5)℃下烘干至质量恒定。

(3) 用氧弹量热计测定高位热值（具体见本书实验三）。

(4) 用公式计算混合试样的高位热值和低位热值（kJ/kg），按下式计算：

$$混合样高位热值_{(干基)}=\sum_{i=1}^{n}(i\ 成分高位热值\times i\ 成分质量百分比) \tag{2-8}$$

$$混合样高位热值_{(湿基)}=混合样高位热值_{(干基)}\times(1-含水率) \tag{2-9}$$

$$混合样低位热值_{(湿基)}=混合样高位热值_{(湿基)}-24.4[含水率+9H_{(干)}\times(1-含水率)] \tag{2-10}$$

式中 24.4——水的汽化热常数，kJ/kg；

$H_{(干)}$——干基氢元素含量，%，见表 2-2。

表 2-2 生活垃圾各成分的干基高位热值和干基氢元素含量

城市生活垃圾成分	干基高位热值/(kJ/kg)	干基氢元素含量/%	城市生活垃圾成分	干基高位热值/(kJ/kg)	干基氢元素含量/%
塑料	32570	7.2	灰土、陶瓷	6980	3.0
橡胶	23260	10.0	厨房有机物	4650	6.4
木、竹	18610	6.0	铁金属	700	
纺织物	17450	6.6	玻璃	140	
纸类	16600	6.0			

7. 淀粉的测定

垃圾在堆肥处理过程中，需借助淀粉量分析来鉴定堆肥的腐熟程度。这一分析化验的基础是在堆肥过程中形成了淀粉碘化配合物。这种配合物颜色的变化取决于堆肥的降解度，当堆肥降解尚未结束时呈蓝色，降解结束时即呈黄色。堆肥颜色的变化过程是深蓝色—浅蓝色—灰色—绿色—黄色。

（1）步骤　这种试样分析实验的步骤如下。

① 将1g堆肥置于100mL烧杯中，滴入几滴乙醇使其湿润，再加20mL 36%的高氯酸。

② 用纹网滤纸（90号纸）过滤。

③ 加入20mL碘反应剂到滤液中并搅动。

④ 将几滴滤液滴到白色板上，观察其颜色变化。

（2）试剂　该实验需用的试剂如下。

① 碘反应剂，将2g碘化钾溶解到500mL水中，再加入0.08g碘。

② 36%的高氯酸。

③ 乙醇少量。

8. 生物降解度的测定

垃圾中含有大量天然的和人工合成的有机质，有的容易生物降解，有的难以生物降解。本方法是一种以化学手段估算生物可降解度的间接测定方法。根据生物可降解有机质比生物不可降解有机质更易于被氧化的特点，在原有"湿烧法"测定固体有机质的基础上，采用常温反应以降低溶液的氧化程度，使之有选择性地氧化生物可降解物质。即在强酸性条件下，以强氧化剂重铬酸钾在常温下氧化样品中的有机质，过量的重铬酸钾以硫酸亚铁铵回滴。根据所消耗的氧化剂的量，计算样品中有机质的量，再换算为生物可降解度。反应式如下：

$$2K_2Cr_2O_7+3C+8H_2SO_4 \longrightarrow 2K_2SO_4+2Cr_2(SO_4)_3+3CO_2+8H_2O \tag{2-11}$$

$$K_2Cr_2O_7+6FeSO_4+7H_2SO_4 \longrightarrow K_2SO_4+Cr_2(SO_4)_3+3Fe_2(SO_4)_3+7H_2O \tag{2-12}$$

（1）步骤　本实验的步骤如下。

① 称取0.5000g风干并经磨碎的试样，置于250mL的容量瓶中。

② 用移液管准确量取15mL重铬酸钾溶液，加入瓶中。

③ 向瓶中加入20mL硫酸，摇匀。

④ 在室温下将容量瓶置于振荡器中，振荡1h（振荡频率在100次/min左右）。

⑤ 取下容量瓶，加水至标线，摇匀。

⑥ 从容量瓶中分取25mL，置于锥形瓶中，加试亚铁灵指示液3滴，用硫酸亚铁铵标准溶液滴定，溶液的颜色由黄色经蓝绿色至刚出现红褐色不褪即为本次实验的终点，记录硫酸亚铁铵溶液的用量。

⑦ 用同样的方法在不放试样的情况下，做空白实验。

⑧ 按下式计算生物可降解度BDM（%）：

$$\mathrm{BDM}=\frac{(V_0-V_1)c\times 6.383\times 10^{-3}\times 10}{W}\times 100\% \tag{2-13}$$

式中　V_0——空白实验所消耗的硫酸亚铁铵标准溶液的体积，mL；

V_1——样品测定所消耗的硫酸亚铁铵标准溶液的体积，mL；

c——硫酸亚铁铵标准溶液的浓度，mol/L；

W——样品质量，g；

6.383——换算系数，碳$\left[\left(\frac{1}{6}\times\frac{3}{2}\right)\mathrm{C}\right]$的摩尔质量除以生物可降解物质平均碳含量47%，g/mol。

(2) 试剂　本实验所需的试剂如下。

① 重铬酸钾溶液，$c\left(\frac{1}{6}K_2Cr_2O_7\right)=2mol/L$，将 98.08g 重铬酸钾溶于 500mL 蒸馏水中，然后缓慢加入 250mL 浓硫酸，加蒸馏水至 1L。

② 硫酸亚铁铵标准溶液，$c[(NH_4)_2Fe(SO_4)_2]=0.25mol/L$，小心地将 20mL 浓硫酸加入 780mL 水中，再将 980.5g $(NH_4)_2Fe(SO_4)_2\cdot 6H_2O$ 溶于其中。

③ 浓硫酸。

④ 试亚铁灵指示液，称取 1.485g 邻菲咯啉、0.685g 硫酸亚铁溶于水中，加水稀释至 100mL，贮于棕色瓶中。

五、思考题

(1) 论述表征城市生活垃圾的特性参数及其含义。

(2) 试对大学校园里垃圾取样进行特性分析。

实验三　生活垃圾热值测定

一、实验目的

生活垃圾的热值是生活垃圾的一个重要物化指标，是分析生活垃圾的燃烧性能，判断能否选用焚烧法对其进行处理的重要依据。根据经验，当生活垃圾的低热值大于 3350kJ/kg（800kcal/kg）时，燃烧过程无须加助燃剂，易于实现自燃烧。因此，测定生活垃圾的热值与工业生产中测定煤和石油的热值一样重要。

通过本实验，可以达到以下目的。

（1）学会用氧弹量热计测定生活垃圾的热值。

（2）掌握氧弹量热计的原理、构造及使用方法。

（3）掌握测定生活垃圾热值的条件。

（4）掌握雷诺图解法校正温度改变值。

二、实验原理

生活垃圾的热值代表单位质量的生活垃圾完全燃烧，并使反应产物回到参加反应物质的起始温度时能放出的热量。根据燃烧产物中水分存在状态的不同又有高位热值（简称高热值）和低位热值（简称低热值）之分。前者水是 0℃的液态水；后者水是 20℃的水蒸气。因此，二者之差即 20℃的水蒸气冷凝为 0℃的液态水时所放出的热量。

氧弹量热计是测定生活垃圾热值时最常用的测定仪器。图 3-1 为氧弹外形。图 3-2 为氧弹剖面。

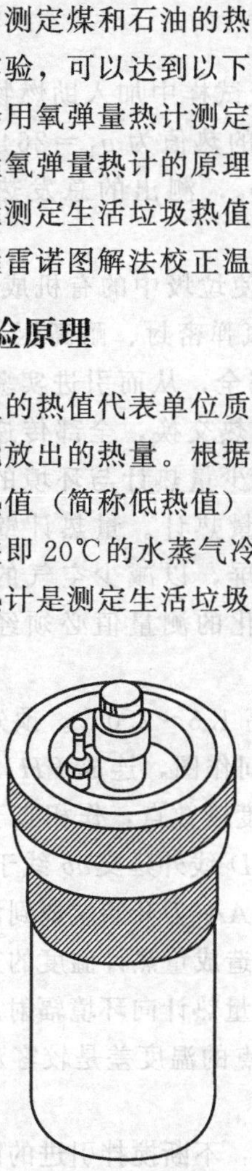

图 3-1　氧弹外形

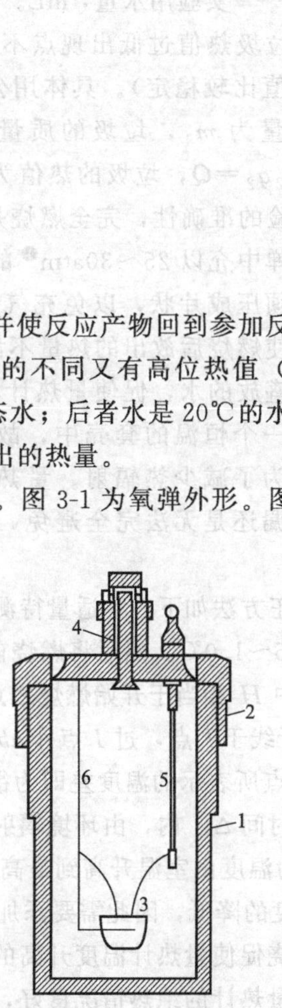

图 3-2　氧弹剖面

1—筒；2—盖；3—燃烧皿；4—出气口；
5—进气管作电极；6—另一根电极

测量时，称取一定量的垃圾试样，压成小片，放在氧弹内。氧弹放在量热计中，容器中盛有一定量的水。通电点火，使压片燃烧。测量的基本原理是能量守恒定律，样品完全燃烧放出的能量促使量热计本身及其周围的介质（本实验用水）温度升高，测量了介质在燃烧前后温度的变化，就可以计算出该样品的热值，其关系式为：

$$mQ_v=(3000\rho c+C_{卡})\Delta T-2.9L \tag{3-1}$$

式中 Q_v——热值，J/g；

m——样品的质量，g；

ρ——水的密度，g/cm^3；

c——水的比热容，J/(℃·g)；

$C_{卡}$——量热计的水当量，即量热体系温度升高1℃时所需的热量，J/℃；

ΔT——温度差，℃；

L——铁丝的长度，cm，其燃烧值为2.9J/cm；

3000——实验用水量，mL。

若因垃圾热值过低出现点不着火的现象，则需在垃圾试样中加入助燃物（可采用苯甲酸，热值比较稳定）。具体用公式可表示如下：苯甲酸的热值为 $q_1=26467$J/g，设苯甲酸的质量为 m_1，垃圾的质量为 m_2，垃圾的热值为 q_2，测出的总发热量为 Q，则 $m_1q_1+m_2q_2=Q$，垃圾的热值为 $q_2=(Q-m_1q_1)/m_2$。

为实验的准确性，完全燃烧是实验成功的第一步。为使垃圾中的有机成分燃烧完全，通常在氧弹中充以25～30atm[1]的高压氧气，因此，要求氧弹密封、耐高压、耐腐蚀，同时样品必须压成片状，以免充气时冲散样品，使燃烧不完全，从而引进实验误差。第二步还必须使燃烧后放出的热量不散失，不与周围环境发生热交换，全部传递给量热计本身和其中盛放的水，促使量热计和水的温度升高。为了减少量热计与环境的热交换，量热计放在一个恒温的套壳中，故称环境恒温或外壳恒温量热计。量热计壁必须高度抛光，也是为了减少热辐射。量热计和套壳中间有一层挡屏，以减少空气的对流。虽然如此，热漏还是无法完全避免，因此燃烧前后的温度变化的测量值必须经过雷诺图解法校正。

其校正方法如下：称适量待测物质，使燃烧后水温升高1.5～2.0℃。预先调节水温低于室温0.5～1.0℃，然后将燃烧前后历次观察的水温对时间作图，连成 $FHIDG$ 折线（图3-3），图中 H 相当于开始燃烧之点，D 为观察到最高的温度读数点，作相当于室温的平行线 JI 交折线于 I 点，过 I 点作 ab 垂线，然后将 FH 线和 GD 线外延交 ab 线于 A、C 两点，A 点与 C 点所表示的温度差即为欲求温度的升高 ΔT。图中 AA' 为开始燃烧到温度上升至室温这一段时间 Δt_1 内，由环境辐射进来和搅拌引进的能量而造成量热计温度的升高，必须扣除。CC' 为温度由室温升高到最高点 D 这一段时间 Δt_2 内，量热计向环境辐射出能量而造成量热计温度的降低，因此需要添加上。由此可见，A、C 两点的温度差是较客观地表示了由于样品燃烧促使量热计温度升高的数值。

有时量热计的绝热情况良好，热漏小，而搅拌器功率大，不断搅拌引进的能量就会使得燃烧后的最高点不出现（图3-4）。这种情况下，ΔT 仍然可以按照同法校正。

温度测量采用贝克曼温度计，其工作原理和调节方法参阅其说明书。

由式(3-1)可知，欲求出试样的热值，必先知道氧弹量热计的水当量 $C_{卡}$ 值。常用的方

[1] 1atm＝101325Pa。

法是利用已知热值的标准样（苯甲酸，恒容燃烧热 $Q_v=-26460\text{J/g}$），在氧弹中燃烧，从量热体系的温升即可求得 $C_{卡}$。所以整个方法是分两步进行的，即先由标准样品的燃烧测定 $C_{卡}$，再测定试样的热值。

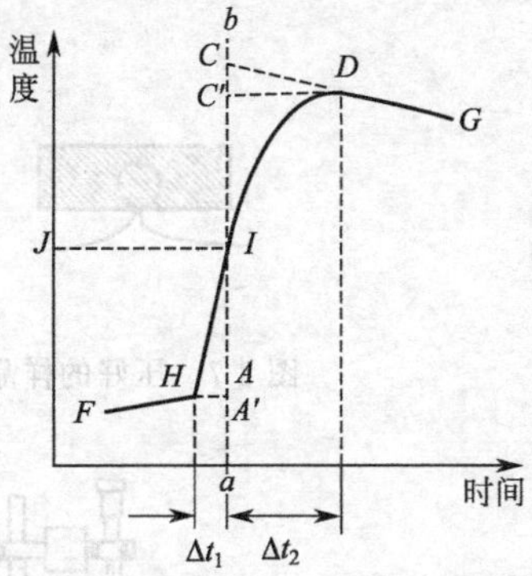

图 3-3 绝热较差时雷诺校正图

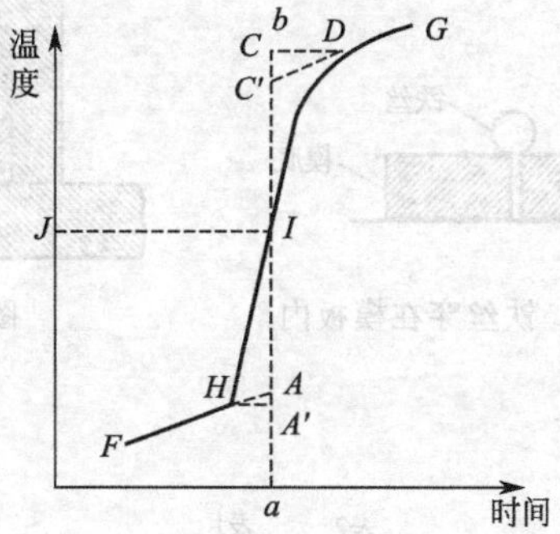

图 3-4 绝热良好时雷诺校正图

三、实验仪器和试剂

氧弹量热计 1 支；放大镜 1 支；氧气钢瓶 1 个；贝克曼温度计 1 支；氧气表 2 只；0～100℃温度计 1 支；压片机 1 台；万用电表 1 只；实验用变压器 1 台；苯甲酸（分析纯或燃烧热专用）若干；铁丝若干；氧弹架 1 只；台秤 1 只；分析天平 1 台。

四、实验步骤

1. 测定量热体系的水当量

(1) 量取燃烧丝（已知热值，如铁丝）15cm。

(2) 样品压片。称取苯甲酸样品 1.0g（勿超过 1.1g），按照图 3-5，将燃烧丝穿在模子的底板内，下面填以托板，徐徐旋紧压片机的螺钉（图 3-6），直到压紧样品为止（压得太过分会压断燃烧丝，以致造成样品点火不能燃烧起来）。抽去模底下的托板，再继续向下压，则样品和模底一起脱落。压好的样品如图 3-7 所示，将此样品在分析天平上准确称量至±0.0002g 后即可供燃烧用。

(3) 将样品片上的燃烧丝两端绑牢于氧弹中两根电极 5 与 6 上（图 3-2）。在氧弹中加 1mL 蒸馏水（以吸收氮氧化物），打开氧弹出气口 4，旋紧氧弹盖。用万用电表检查电极是否通路，若通路，则旋紧出气口 4 后就可以充氧气。

(4) 充氧气。充氧气方法如下（图 3-8）：取下氧弹上进氧阀螺帽，将钢瓶氧气管接在上面，此时减压阀门 2 应逆时针旋松（即关紧），小心开启钢瓶阀门 1，此时高压氧气表 1 即有指示。再稍稍拧紧减压阀门 2，使低压氧气表 2 指针位于 0.3～0.5MPa，然后略微旋开氧弹出气口 4，以排除氧弹内原有的空气。如此反复一次后，就旋紧氧弹出气口 4，再拧紧减压阀门 2，让低压氧气表 2 指示在 2.5～3.0MPa，停留 1～2min 后旋松（即关闭）减压阀门 2，关闭钢瓶阀门 1，再松开导气管，氧弹已充有 21atm 的氧气（注意不可超过 30atm），可作燃烧之用。但阀门 2 到阀门 1 之间尚有余气，因此要旋紧阀门 2 以放掉余气，再旋松阀门 2，使钢瓶上的氧气表头恢复原状。然后装上螺帽，再次用万用电表测量充好氧气的氧弹两电极是否通路，若通路，则进行下一步。

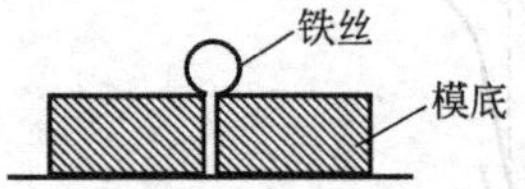

图 3-5 铁丝穿在模板内

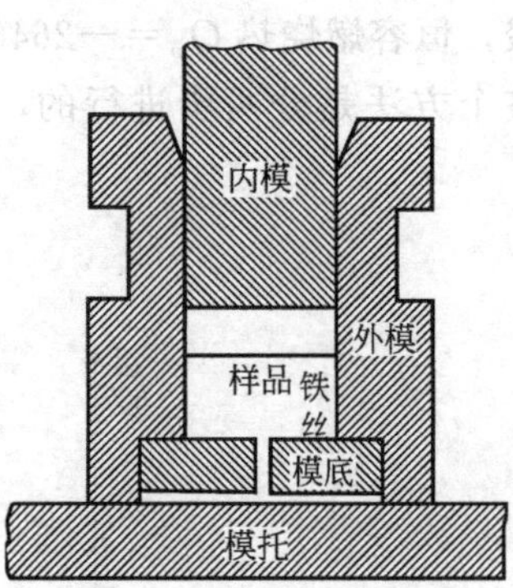

图 3-6 压片机

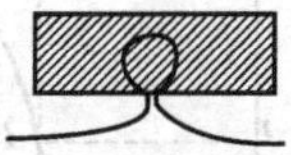

图 3-7 压好的样品

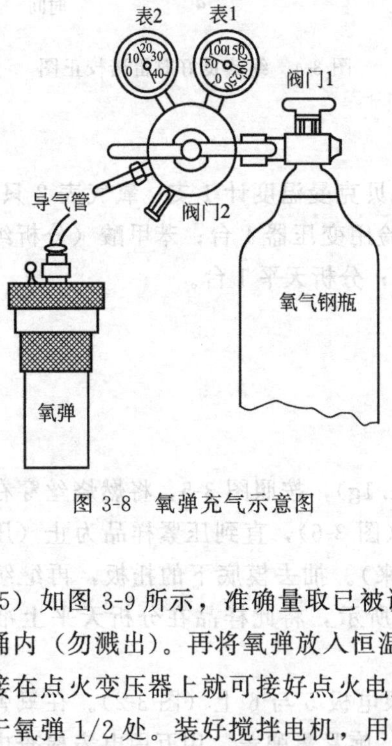

图 3-8 氧弹充气示意图

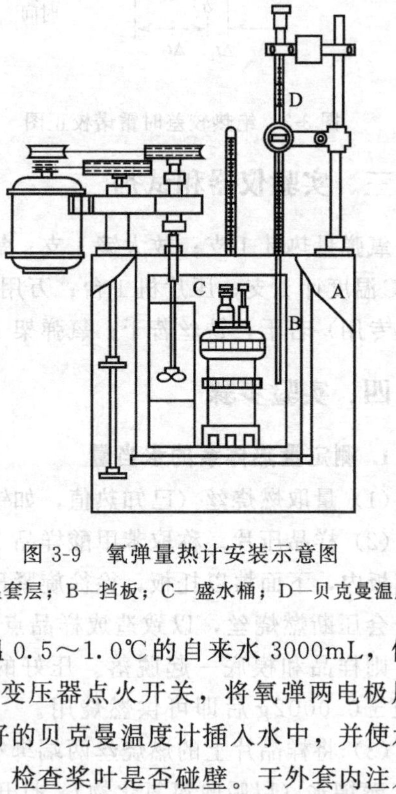

图 3-9 氧弹量热计安装示意图

A—恒温套层；B—挡板；C—盛水桶；D—贝克曼温度计

(5) 如图 3-9 所示，准确量取已被调节到低于室温 0.5～1.0℃的自来水 3000mL，倒入盛水桶内（勿溅出）。再将氧弹放入恒温套层内，断开变压器点火开关，将氧弹两电极用电线连接在点火变压器上就可接好点火电路。将已调节好的贝克曼温度计插入水中，并使水银球位于氧弹 1/2 处。装好搅拌电机，用手转动搅拌器，检查桨叶是否碰壁。于外套内注入较量热计内的水温约高 0.7℃的水，盖好量热计盖子，接通电源，开动搅拌器搅拌 5min，使量热计与周围介质建立起均衡的热交换，然后开始记录温度。

(6) 温度的测定（是关键步骤）。温度的变化可分为三个阶段，即前期、主期和末期。

① 前期 试样尚未燃烧，在此阶段是观察和记录周围环境与量热体系在测定开始温度下的热交换关系，每隔 1min 读取贝克曼温度计一次（读数时用放大镜准确读至 0.001℃），这样继续 10min。

② 主期 是试样燃烧并把热量传给量热计的阶段。在前期最末一次读取温度的同时，按电钮点火。若变压器上指示灯亮后熄掉，温度迅速上升，则表示氧弹内样品已燃烧，可以停止按电钮；若指示灯亮后不熄灭，表示燃烧丝没有烧断，应立即加大电流引发燃烧；若指示灯根本不亮或者虽加大电流也不熄灭，而且温度也不见迅速上升，则必须打开氧弹检查原

因。自按下电键后，读数改为每隔 15s 一次，直到温度不再上升并开始下降为止。

③ 末期　在主期读取最后一次温度后，继续读取温度 10 次，作为实验末期温度。每 0.5min 读一次，目的是观察在实验终了温度下的热交换关系。

(7) 测温停止后，断开电源，从量热计中取出氧弹，慢慢旋松放气阀，使氧弹内气体放尽后旋出氧弹盖，仔细检查样品燃烧的结果。若氧弹中没有什么燃烧的残渣，表示燃烧完全；若氧弹中有黑烟或未燃尽的试样微粒，则表示燃烧不完全，需重做实验。燃烧后剩下的燃烧丝长度必须用尺测量，把数据记录下来。

(8) 用蒸馏水洗涤氧弹内各部分，把洗涤液连同氧弹内水倒入锥形瓶中，加热微沸 5min，以排除 CO_2，然后用 0.1mol/L NaOH 溶液滴定，至粉红色保持 15s 不变，记下 NaOH 溶液的毫升数。

(9) 取下贝克曼温度计和搅拌器，用布擦干，将量热计内的水倒出，擦干，将氧弹内外及燃烧皿擦干，以备再用。

2. 样品热值的测定

(1) 固体状样品的测定。将混合均匀具有代表性的生活垃圾或固体废物粉碎成粒径为 2mm 的碎粒；若含水率高，则应于 105℃ 烘干，并记录水分含量。称取 1.0g 左右垃圾样品，同法进行上述实验。

(2) 流动性样品的测定。流动性污泥或不能压成片状物的样品，则称取 1.0g 左右样品，置于小皿，铁丝中间部分浸在样品中间，两端与电极相连，同上法进行实验。

五、数据处理

(1) 用图解法求出由苯甲酸燃烧引起量热计温度变化的差值 Δt_1，并根据公式计算量热计的水当量。

(2) 用图解法求出由样品燃烧引起量热计温度变化的差值 Δt_2，并根据公式计算样品的热值。

六、注意事项

针对所取的垃圾样品，本实验的测定结果是真实可信的。但是，由于生活垃圾量大、种类繁多且混合极不均匀，而在热值测定时取样量很少（仅 1.0g 左右），因此，垃圾样品的代表性是垃圾热值测定结果是否可信的决定性因素。为了解决这个问题，可将垃圾首先进行物理组成和含水率的测定，然后按照本实验测定各组分的热值，将各组分的热值加权平均计算出生活垃圾的热值。

七、思考题

(1) 固体状样品与流动性样品的热值测量方法有何不同？

(2) 在利用氧弹量热计测量废物的热值中，有哪些因素可能影响测量分析的精度？

(3) 试对本实验提出改进措施。

实验四 生活垃圾收集线路推演

一、实验目的

生活垃圾收运是垃圾处理系统中一个重要的环节，其费用占整个垃圾处理系统的60%～80%。生活垃圾收运的原则是：在满足环境卫生要求的同时，收运费用最低，并考虑后续处理阶段，使垃圾处理系统的总费用最低。因此，科学合理地制定收运计划是非常关键的。

通过本实验，希望达到以下目的。

(1) 初步了解生活垃圾的收集、运输和贮存的相关知识。

(2) 掌握设计生活垃圾收集线路的原则和方法。

二、实验原理

生活垃圾通常利用各种类型的专用垃圾收集车按照一定的收集线路将之从居民住宅点或街道进行收运，运到垃圾转运站或处理场。因此，努力改进废物收运的组织、技术和管理体系，提高专用收集车辆和辅助机具的性能和效率是很有意义的。

在生活垃圾收集操作方法、收集车辆类型、收集劳力、收集次数和作业时间确定以后，就可着手设计收运线路，以便有效使用车辆和劳力。收集清运工作安排的科学性、经济性，关键就是合理的收运线路。

一般来说，收集线路的设计需要进行反复试算过程，没有能应用于所有情况的固定规则。收运线路设计的主要问题是卡车如何通过一系列的单行线或双行线街道行驶，以使得整个行驶距离最小。换句话说，其目的就是使空载行程最小。

在设计线路时应考虑下列因素。

(1) 每个作业日每条线路限制在一个地区，应紧凑，没有断续或重复的线路。

(2) 平衡工作量，使每个作业、每条线路的收集和运输时间都合理地大致相等。

(3) 起点应尽可能靠近汽车库。

(4) 交通量大的街道应避开高峰时间。

(5) 在一条线上不能横穿的单行街道应在街道的上端连成回路，一头不通的街道在街道右侧时应予以收集。

(6) 环绕街区尽可能采用顺时针方向，长而笔直的路应在形成顺时针回路之前确定为行驶线路。

(7) 绝对不要用一条双行街道作为结点唯一的进出通路，这样可以避免180°的大转弯。

(8) 小山上废物应在下坡时收集，便于卡车下滑。

(9) 如果可能，收集频率相同而垃圾量小的收集点应在一天收集或同一个旅程中收集。

利用这些因素，可以制定出效率高的收集线路。

三、设计步骤

以你所在的校园或住宅小区为例，进行收集服务区域内垃圾收集线路的设计。

(1) 调查该校园或住宅小区的垃圾产生情况、各垃圾集装点的位置、容器数以及收集频率等情况，如图 4-1 所示。

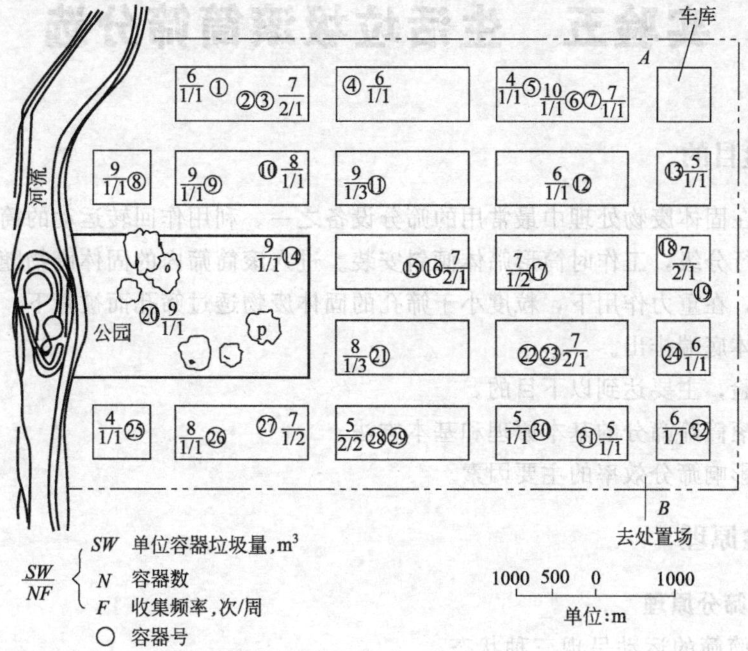

图 4-1　某住宅小区垃圾清运情况

(2) 在该收集区域的地形图上标出垃圾清运区域边界、道口、车库和通往各个垃圾集装点的位置、容器数、收集频率和各集装点的垃圾量。

(3) 根据面积的大小和放置点的数目，将地区划分成长方形和方形的小面积，使之与工作所使用的面积符合。

(4) 根据地形图，将每周收集相同频率的收集点数目和每天需要出空的垃圾桶数目列出一张表，见表 4-1。

表 4-1　垃圾收集安排

收集频率	收集点数	行程数	每日出空的容器数				
(1)	(2)	(3)=(1)×(2)	星期一	星期二	星期三	星期四	星期五
1							
2							
3							
4							
5							
总计							

(5) 从调度站或垃圾车停车场开始初步设计每天的收集线路，标于地图上。

(6) 对初步收集线路进行比较，通过反复试算进一步均衡收集线路，使每周各个工作日收集的垃圾量、行驶路程、收集时间等大致相等。如果不止一辆收集车辆时，应使驾驶员的负荷平衡。

(7) 最后，将确定的收集线路画在收集区域图上。

四、实验结果与讨论

(1) 实验中采取何种清运方法最为有效？并说明理由。

(2) 与现有的垃圾清运方式比较，哪种更合理？

实验五　生活垃圾滚筒筛分选

一、实验目的

滚筒筛是在固体废物处理中最常用的筛分设备之一。利用作回转运动的筒形筛体将固体废物按粒度进行分级，工作时筒形筛体倾斜安装。进入滚筒筛内的固体废物随筛体的转动作螺旋状的翻动，在重力作用下，粒度小于筛孔的固体废物透过筛孔而被筛下，大于筛孔的固体废物则在筛体底端排出。

通过本实验，主要达到以下目的。

(1) 掌握滚筒筛筛分的基本原理和基本方法。

(2) 了解影响筛分效率的主要因素。

二、实验原理

1. 滚筒筛筛分原理

物料在滚筒筛的运动呈现三种状态。

(1) 沉落状态　这时筛子的转速很低，物料颗粒由于筛子的圆周运动而被带起，然后滚落到向上运动的颗粒上面，物料混合很不充分，不易使中间的细料翻滚物移向边缘而触及筛孔，因而筛分效率极低。

(2) 抛落状态　当转速足够高但又低于临界速度时，物料颗粒克服重力作用沿筒壁上升，直至到达转筒最高点之前，此时重力超过了离心力，颗粒沿抛物线轨迹落回筛底，因而物料颗粒的翻滚程度最为剧烈，很少发生堆积现象，筛子的筛分效率最高。

(3) 离心状态　当筛子的转速进一步增大时，达到某一临界速度，物料由于离心作用附着在筒壁上而无法下落、翻滚，因而造成筛分效率相当低。

分选生活垃圾的滚筒筛，是在普通滚筒筛的基础之上增设一些分选或清理机构，使之更适于生活垃圾的筛分，主要有卧式旋转滚筒筛、立式滚筒筛和叶片滚筒筛三种。垃圾在滚筒筛内的运动可以分解为沿筛体轴线方向的直线运动和垂直于筛体轴线平面内的平面运动。沿筛体轴线方向的直线运动是由于筛体的倾斜安装而产生的，其速度即为垃圾通过筛体的速度。垃圾在垂直于筛体轴线平面内的平面运动与筛体的转速密切相关。当筒体总以较低于临界速度转动时，垃圾被带至一定高度后作抛物线下落，这种运动有利于筛分的进行。一般滚筒筛的转动速度为临界速度的30%～60%，该数值比垃圾物料获得最大落差所需的转速要略低一些。

2. 筛分效率

筛子有两个重要工艺指标：一个是处理能力，即孔径一定的筛子一定时间一定单位面积上的处理能力；另一个就是筛分效率，它表明筛分工作的质量指标。

从理论上讲，固体废物中凡是粒度小于筛孔尺寸的细粒都应该透过筛孔成为筛下产品，而大于筛孔尺寸的粗粒应全部留在筛上排出成为筛上产品。但是，实际上由于筛分过程中受各种因素的影响，总会有一些小于筛孔的细粒留在筛上随粗粒一起排出成为筛上产品，筛上产品中未透过筛孔的细粒越多，说明筛分效果越差。为了评定筛分设备的分离效率，引入筛分效率这一指标。

筛分效率是指实际得到的筛下产品质量与入筛废物中所含小于筛孔尺寸的细粒物料质量之比，用百分数表示，即：

$$E=\frac{Q_1}{Q\frac{\alpha}{100}}\times 100\%=\frac{Q_1}{Q\alpha}\times 10^4\% \tag{5-1}$$

式中　E——筛分效率，%；

Q——入筛固体废物质量，kg；

Q_1——筛下产品质量，kg；

α——入筛固体废物中小于筛孔的细粒含量，%。

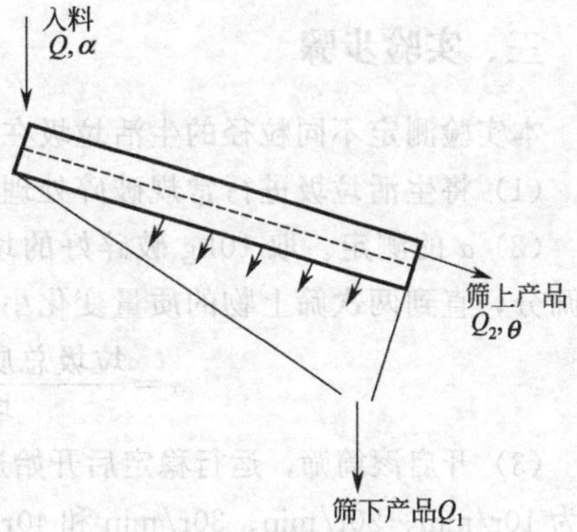

图 5-1　筛分示意图

但是，在实际筛分过程中要测定 Q_1 和 Q 是比较困难的（图 5-1），因此，必须变换成便于应用的计算式。按图测定出筛下产品中小于筛孔尺寸的粗粒，可列出以下两个方程式。

(1) 物料入筛质量（Q）等于筛上产品质量（Q_2）和筛下产品质量（Q_1）之和，即：

$$Q=Q_1+Q_2 \tag{5-2}$$

(2) 固体废物中小于筛孔尺寸的细粒质量等于筛上产品与筛下产品中所含有小于筛孔尺寸的细粒质量之和，即：

$$Q\alpha=100Q_1+Q_2\theta \tag{5-3}$$

式中，θ 为筛上产品中所含有小于筛孔尺寸的细粒质量分数，%。

将式(5-2) 代入式(5-3) 得：

$$Q_1=\frac{(\alpha-\theta)Q}{100-\theta} \tag{5-4}$$

将 Q_1 值代入式(5-4) 得：

$$E=\frac{\alpha-\theta}{\alpha(100-\theta)}\times 10^4\% \tag{5-5}$$

3. 滚筒筛的设计

垃圾滚筒筛是城市生活垃圾预分选和堆肥处理中应用较广泛的一种分选设备（图 5-2）。

图 5-2　滚筒筛的实景

传统的滚筒筛的筛筒由 4 个滚轮支承，工作时，由电机、减速器等带动筒体一侧的两个主动滚轮旋转，依靠摩擦力作用，主动滚轮带动筒体回转，而另一侧的两个滚轮则起从动作用。滚筒筛的倾角会影响垃圾物料在筛筒内的滞留时间，一般认为滚筒筛筛筒的倾斜角度在 2°～5°范围内。被筛物料从筒体的一端（进料斗）进入筒内，由于筒体的回转，物料沿筒内壁滑动，小于筒体筛孔的细物料落到接收槽中，而大于筛孔的粗物料则从筒体的另一端排出。滚筒筛设计中的几何参数包括筛体长度 L(1.5～2m)、筛筒直径 D(400～600mm)、安装倾角（2°～5°）及筛孔直径 d（120mm、80mm 和 40mm）。

三、实验步骤

本实验测定不同粒径的生活垃圾在不同的转动条件下的分选效果。

(1) 将生活垃圾进行常规破碎处理。

(2) α 的测定。取 10kg 破碎好的垃圾，在 20r/min 的转速下过筛，将筛上物称重后继续筛分，直到两次筛上物的质量变化小于 1%，此时认定筛分完全。则有：

$$\alpha=\frac{\text{垃圾总质量}-\text{筛上物质量}}{\text{垃圾总质量}}\times 100\%$$

(3) 开启滚筒筛，运行稳定后开始进料实验。首先，固定进料量（70kg/h），调节转速分别为 10r/min、20r/min、30r/min 和 40r/min，观察不同转速下垃圾在滚筒筛中运动状态，将各个转速条件下得到的筛上和筛下部分垃圾质量记录于表 5-1 中，并计算出筛分效率。

(4) 根据步骤（3）中得到的最优转速（该转速下物料的筛分效率最高），调节进料量分别为 50kg/h、70kg/h、90kg/h 和 110kg/h，观察垃圾在滚筒筛中运动状态，并比较不同转速下筛分效率的高低。

四、实验结果

实验测得各数据，可参照表 5-1 记录。

表 5-1 滚筒筛筛分实验记录

实验日期：　　年　月　日　　　　　　　　($\alpha=$　　)

序号	转速/(r/min)	运动状态	筛分效率 $E=\frac{Q_1}{Q\frac{\alpha}{100}}\times 100\%=\frac{Q_1}{Q\alpha}\times 10^4\%$		
			Q_1	Q	E
1	10				
2	20				
3	30				
4	40				
序号	**进料量/(kg/h)**	**运动状态**	**筛分效率 $E=\frac{Q_1}{Q\frac{\alpha}{100}}\times 100\%=\frac{Q_1}{Q\alpha}\times 10^4\%$**		
			Q_1	Q	E
1	50				
2	70				
3	90				
4	110				

五、实验结果讨论

(1) 讨论转速和进料量对筛分的影响，如何提高筛分效率？

(2) 改变倾斜角度对筛分效率有何影响？

(3) 滚筒筛操作有哪些注意事项？

实验六　生活垃圾风力分选

一、实验目的

风力分选，简称风选，是垃圾分选中常用的方法之一，是以空气为分选介质，将轻物料从较重物料中分离出来的一种方法。风选实质上包含两个分离过程：分离出具有低密度、空气阻力大的轻质部分（提取物）和具有高密度、空气阻力小的重质部分（排出物）；进一步将轻颗粒从气流中分离出来，后一分离步骤常由旋流器完成。

本实验测定在不同风速的条件下，不同密度颗粒的分选效果与风速的关系。

通过本实验，希望达到以下目的。

(1) 初步了解风力分选的基本原理和基本方法。

(2) 比较立式和水平风力分选机的构造与原理。

二、风力分选原理

空气与水相比较，其密度和黏度都较小，并具有可压缩性。当压力为1MPa及温度为20℃时，空气密度为0.00118g/cm^3，黏度为0.000018Pa·s。因为在风选过程中应用的风压不超过1MPa，可以忽略空气的压缩性，而视其为具有液体性质的介质。颗粒在水中的沉降规律也同样适用于在空气中的沉降。但由于空气密度较小，与颗粒密度相比可忽略不计，故颗粒在空气中的沉降末速（v_0）为：

$$v_0=\sqrt{\frac{\pi d\rho_s g}{6\psi\rho}} \tag{6-1}$$

式中　d——颗粒的直径，m；

ρ_s——颗粒的密度，g/cm^3；

ρ——空气的密度，g/cm^3；

ψ——阻力系数；

g——重力加速度，m^2/s。

当颗粒粒度一定时，密度大的颗粒沉降末速大；当颗粒密度相同时，直径大的颗粒沉降末速大。由于颗粒的沉降末速同时与颗粒的密度、粒度及形状有关，因而在同一介质中，密度、粒度和形状不同的颗粒在特定的条件下，可以具有相同的沉降速度。这样的相应颗粒称为等降颗粒。其中，密度小的颗粒粒度（d_{r1}）与密度大的颗粒粒度（d_{r2}）之比，称为等降比，以e_0表示，即：

$$e_0=\frac{d_{r1}}{d_{r2}}>1 \tag{6-2}$$

等降比的大小可由沉降末速的个别公式或通式写出，如两颗粒等降，则$v_{01}=v_{02}$，那么：

$$\sqrt{\frac{\pi d_1\rho_{s1}g}{6\psi_1\rho}}=\sqrt{\frac{\pi d_2\rho_{s2}g}{6\psi_2\rho}}$$

$$\frac{d_1\rho_{s1}}{\psi_1}=\frac{d_2\rho_{s2}}{\psi_2}$$

所以：

$$e_0=\frac{d_1}{d_2}=\frac{\psi_1\rho_{s2}}{\psi_2\rho_{s1}} \tag{6-3}$$

式(6-3) 为自由沉降等降比（e_0）的通式。从公式可见，等降比（e_0）将随两种颗粒的密度差（$\rho_{s2}-\rho_{s1}$）的增大而增大，而且 e_0 还是阻力系数（ψ）的函数。理论与实践都表明，e_0 将随颗粒粒度变细而减小。颗粒在空气中的等降比远远小于在水中的等降比，为其 1/5～1/2。所以，为了提高分选效率，在风选之前需要将废物进行窄分级，或经破碎使粒度均匀后，使其按密度差异进行分选。

颗粒在空气中沉降时，所受到的阻力远小于在水中沉降时所受到的阻力。所以颗粒在静止空气中沉降到达末速所需的时间和沉降距离都较长。颗粒在上升气流中达到沉降末速时，颗粒的沉降速度（v_0'）等于颗粒对介质的相对速度（v_0）和上升气流速度（u_a）之差，即：

$$v_0'=v_0-u_a \tag{6-4}$$

所以，上升气流可以缩短颗粒达到沉降末速的时间和距离。因此，在风选过程中常采用上升气流。

颗粒在实际的风选过程中的运动是干涉沉降。在干涉条件下，上升气流速度远小于颗粒的自由沉降末速时，颗粒群就呈悬浮状态。颗粒群的干涉末速（v_{hs}）为：

$$v_{hs}=v_0(1-\lambda)^n \tag{6-5}$$

式中　λ——物料的容积浓度；

n——大小与物料的粒度及状态有关，多介于 2.33～4.65 之间。

在颗粒达到末速保持悬浮状态时，上升气流速度（u_a）和颗粒的干涉末速（v_{hs}）相等。使颗粒群开始松散和悬浮的最小上升气流速度（u_{min}）为：

$$u_{min}=0.125v_0 \tag{6-6}$$

在干涉沉降条件下，使颗粒群按密度分选时，上升气流速度的大小，应根据固体废物中各种物质的性质，通过实验确定。

在风选中还常应用水平气流。在水平气流分选器中，物料是在空气动压力及本身重力作用下按粒度或密度进行分选的。由图 6-1 可以看出，如在缝隙处有一个直径 d 的球形颗粒，并且通过缝隙的水平气流速度为 u 时，那么，颗粒将受到以下两个力的作用。

(1) 空气的动压力（R）计算公式如下：

$$R=\psi d^2u^2\rho \tag{6-7}$$

式中　ψ——阻力系数；

ρ——空气的密度，g/cm^3；

u——水平气流的速度，m/s。

(2) 颗粒本身的重力（G）计算公式如下：

$$G=mg=\frac{\pi d^3\rho_s}{6}g \tag{6-8}$$

式中　m——颗粒的质量，g；

ρ_s——颗粒的密度，g/cm^3。

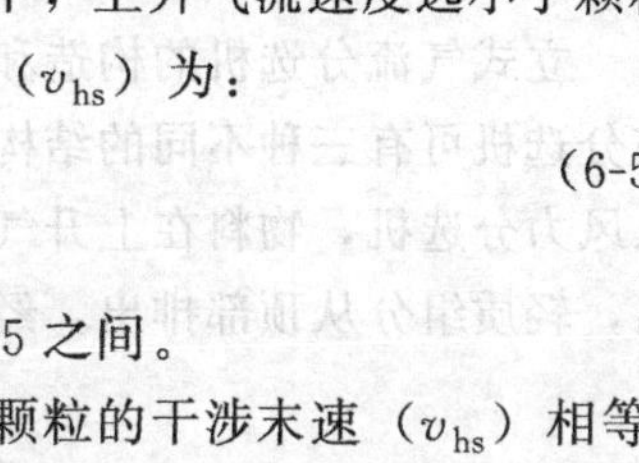

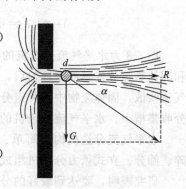

图 6-1　直径为 d 的颗粒的受力分析

颗粒的运动方向将和两力的合力方向一致，并且由合力与水平夹角（α）的正切值来确定：

$$\tan\alpha=\frac{G}{R}=\frac{\pi d^{3}\rho_{s}g}{6\psi d^{2}u^{2}\rho}=\frac{\pi d\rho_{s}g}{6\psi u^{2}\rho} \tag{6-9}$$

由上式可知，当水平气流速度一定，颗粒粒度相同时，密度大的颗粒沿与水平夹角较大的方向运动，密度较小的颗粒则沿夹角较小的方向运动，从而达到按密度差异分选的目的。

通过理论分析，有许多人提出一些特别适用于气流分选的经验模型，达拉法尔（Dallavlle）提出如下模型（适用于立式气流分选机）：

$$v=\frac{13300\gamma}{\gamma+1}d^{0.57} \tag{6-10}$$

式中 v——气流速度，m/s；

d——颗粒直径，m；

γ——颗粒密度，g/cm^3。

对于水平气流分选机，达拉法尔提出下式来确定气流速度：

$$v=\frac{6000\gamma}{\gamma+1}d^{0.398} \tag{6-11}$$

按气流吹入分选设备的方向不同，风选设备可分为两种类型：水平气流分选机（又称水平风力分选机）和立式气流分选机（又称立式风力分选机）。

立式气流分选机的构造和工作原理如图 6-2 所示。根据风机与旋流器安装的位置不同，该分选机可有三种不同的结构形式，但其工作原理大同小异：经破碎后的生活垃圾从中部给入风力分选机，物料在上升气流作用下，垃圾中各组分按密度进行分离，重质组分从底部排出，轻质组分从顶部排出，经旋风分离器进行气固分离。立式风力分选机分选精度较高。

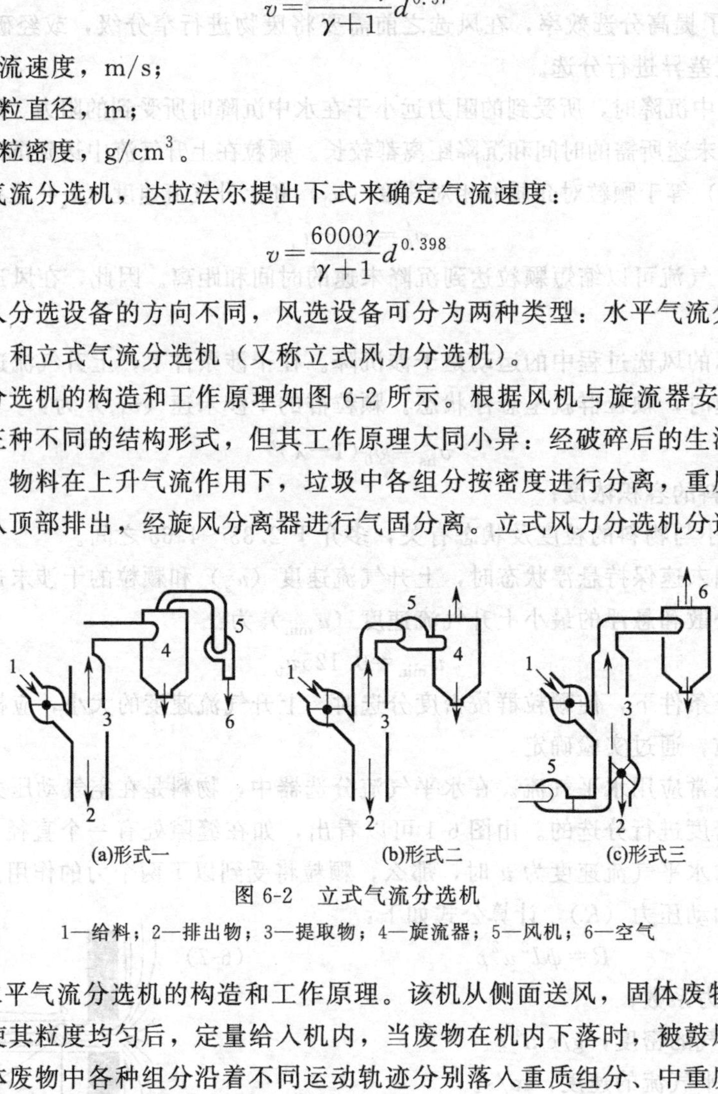

图 6-2 立式气流分选机

1—给料；2—排出物；3—提取物；4—旋流器；5—风机；6—空气

图 6-3 为水平气流分选机的构造和工作原理。该机从侧面送风，固体废物经破碎机破碎和圆筒筛筛分使其粒度均匀后，定量给入机内，当废物在机内下落时，被鼓风机鼓入的水平气流吹散，固体废物中各种组分沿着不同运动轨迹分别落入重质组分、中重质组分和轻质组分收集槽中。水平气流分选机的经验最佳风速为 20m/s。

水平气流分选机构造简单、维修方便，但分选精度不高。一般很少单独使用，常与破碎、筛分、立式风力分选机组成联合处理工艺。

研究表明，要达到较好的分选效果，就要使气流在分选筒内产生湍流和剪切力，从而分散物料团块，经改造的分选筒有锯齿形、振动式或回转式，如图 6-4 所示。

为了取得更好的分选效果，通常可以将其他的分选手段与风力分选在一个设备中结合起

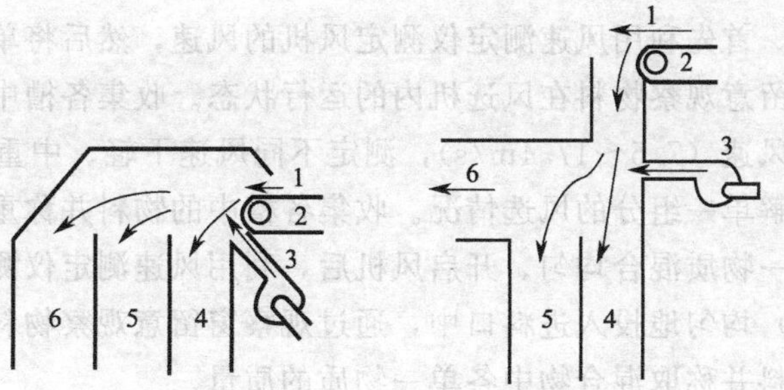

(a)形式一　(b)形式二

图 6-3　水平气流分选机

1—给料；2—给料机；3—空气；4—重质组分；5—中重质组分；6—轻质组分

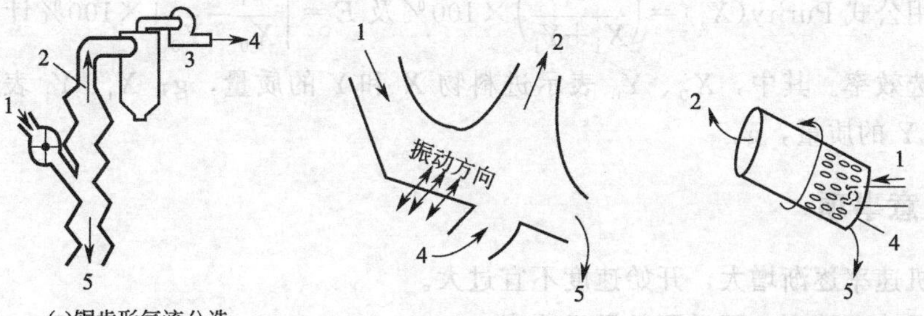

(a)锯齿形气流分选　(b)振动式气流分选　(c)回转式气流分选

图 6-4　锯齿形、振动式和回转式风力分选机

1—给料；2—提取物；3—风机；4—空气；5—排出物

来，例如振动式风力分选机和回转式风力分选机。前者兼有振动和气流分选的作用，给料沿着一个斜面振动，较轻的物料逐渐集中于表面层，随后由气流带走；后者兼有圆筒筛的筛分作用和风力分选的作用，当圆筒旋转时，较轻的颗粒悬浮在气流中而被带往集料斗，较重和较小的颗粒则透过圆筒壁上的筛孔落下，较重的大颗粒则在圆筒的下端排出。

三、本实验使用的风力分选设备

图 6-5 为本实验所用生活垃圾卧式风力分选机简图。选取功率为 1.5kW 的涡流式风机，其风压范围是 250～380kPa，风速的范围是 7.5～17.4m/s。风选设备主体的尺寸为长×高×宽是 1.6m×1.8m×0.6m。

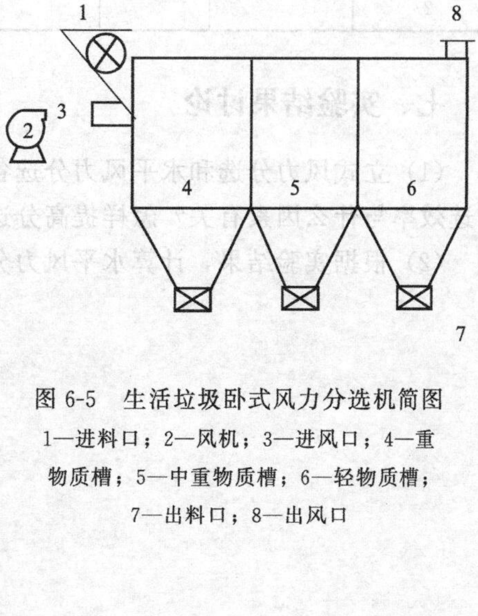

图 6-5　生活垃圾卧式风力分选机简图

1—进料口；2—风机；3—进风口；4—重物质槽；5—中重物质槽；6—轻物质槽；7—出料口；8—出风口

四、实验步骤

本实验测定不同密度的混合垃圾在不同的风速条件下的分选效果，不同密度在不同风速下的分离比例就是其分离效率。

(1) 进行单一组分的风选。选取纸类、金属等密度不同的物质，每种物质先单独进行风选实验。

（2）开启风机后，首先利用风速测定仪测定风机的风速，然后将单一物质均匀地投入进料口中，通过观察窗留意观察物料在风选机内的运行状态。收集各槽中的物料并称重。

（3）调节不同的风速（7.5～17.4m/s），测定不同风速下轻、中重、重槽中该物质颗粒的分布比例，从而了解单一组分的风选情况。收集各槽中的物料并称重。

（4）将选取的单一物质混合均匀。开启风机后，利用风速测定仪测定风机的风速，然后将混合物质（X 和 Y）均匀地投入进料口中，通过观察窗留意观察物料在风选机内的运行状态。收集各槽中的物料并称取混合物中各单一物质的质量。

（5）重复步骤（4），调节不同的风速（7.5～17.4m/s），测定不同风速下轻、中重、重槽中物质颗粒的分布比例，从而了解混合物料风选情况。收集各槽中的物料并称取混合物中各单一物质的质量。

（6）利用公式 $\text{Purity}(X_i)=\left(\frac{X_i}{X_i+Y_i}\right)\times 100\%$ 及 $E=\left|\frac{X_i}{X_0}-\frac{Y_i}{Y_0}\right|\times 100\%$ 计算分选物料的纯度和分选效率。其中，X_0、Y_0 表示进料物 X 和 Y 的质量，g；X_i、Y_i 表示同一槽中出料物 X 和 Y 的质量，g。

五、注意事项

（1）风机速率逐渐增大，开始速度不宜过大。

（2）根据分选精度，即时调整风机速率。

六、实验结果

实验测得各数据，可参照表 6-1 记录。

表 6-1 风选实验记录

实验日期：　年　月　日

序号	风速/(m/s)	进料量/g		重质组分/g		中重质组分/g		轻质组分/g	
		X_0	Y_0	X_i	Y_i	X_i	Y_i	X_i	Y_i
1									
2									

七、实验结果讨论

（1）立式风力分选和水平风力分选各有什么优缺点？如何加以改进？水平风力分选机的分选效率与什么因素有关？怎样提高分选效率？

（2）根据实验结果，计算水平风力分选的最佳风速是多少？

实验七　生活垃圾制复合板材

一、实验目的

一方面，生活垃圾压城问题严重，急需寻找出路；另一方面，生活垃圾经破碎、风选和干燥处理后，就能够分离和回收许多有用材料。将垃圾出路难与充分利用垃圾中的资源相结合起来，通过适宜的垃圾破碎和分选技术，利用分选出来的难降解有机废物并添加适当的固化剂来制造板材，客观上缓解森林资源匮乏的危机，增加了资源，改善了环境，具有较好的经济效益、社会效益和环境效益。

通过本实验，希望达到以下目的。

(1) 掌握生活垃圾破碎、配伍、压板的基本原理。

(2) 了解塑料破碎、配伍、压板的基本操作流程。

二、实验原理

城市生活垃圾是一种成分非常复杂的混合物，其中混杂着有毒有害物质，更包含着许多可以重复利用和回用的物质。在资源日益紧缺的今天，垃圾再利用已经成为非常热门的话题。

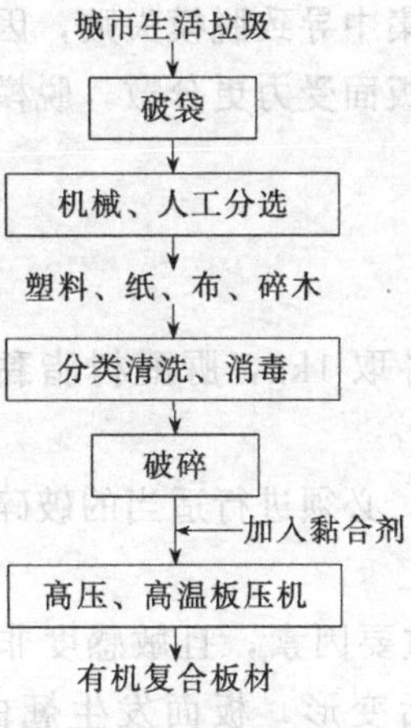

图 7-1　生活垃圾制板材的工艺流程

在我国一般城市的燃气居民区，生活垃圾的组成为：15%～25%厨余物；4%～10%纸张和橡胶制品；15%～25%布类、竹子、木头、树叶等纤维质有机物；1%～2%金属制品；3%～6%塑料；2%～7%玻璃品；10%～20%石头、砖瓦、灰土等。可见，垃圾中含有大量纸张、塑料等纤维类有机物，而这些物质正是生产复合板材的主要原料。

生活垃圾制板材的工艺流程如图 7-1 所示。

三、实验装置和设备

图 7-2 所示为本实验中所用的生产复合板材的加压加热成套设备，由压机、烘箱、导轨以及一些传动装置组成。由于实验模

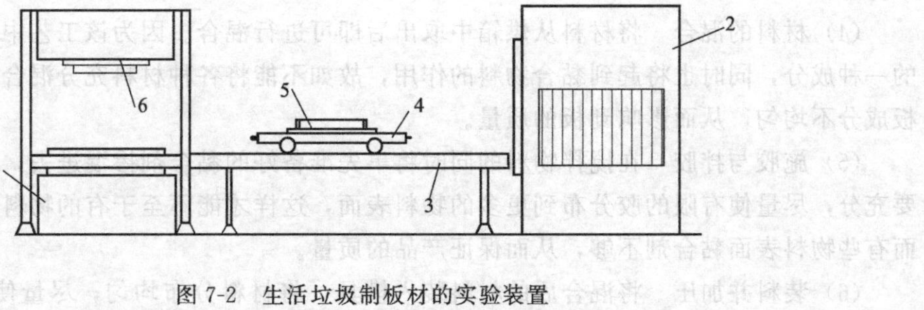

图 7-2　生活垃圾制板材的实验装置

1—压机；2—烘箱；3—导轨；4—小车；5—模具凹模；6—模具凸模

具为全钢铁材加工而成，比较沉重，借助电动设备使其在导轨上移动。小车两头有挂钩，与钢绳连接，钢绳分别跨过固定在导轨两端的滑轮，再与电动机相连，可通过开关来控制小车向压机或烘箱移动。模具凸模要事先用大螺钉固定在压机的固定件上。当小车带着模具凹模移动至压机顶升机上合适的位置时，由顶升机将其顶升，与凸模合拢。

制板所用的模具形状如图 7-3 所示。

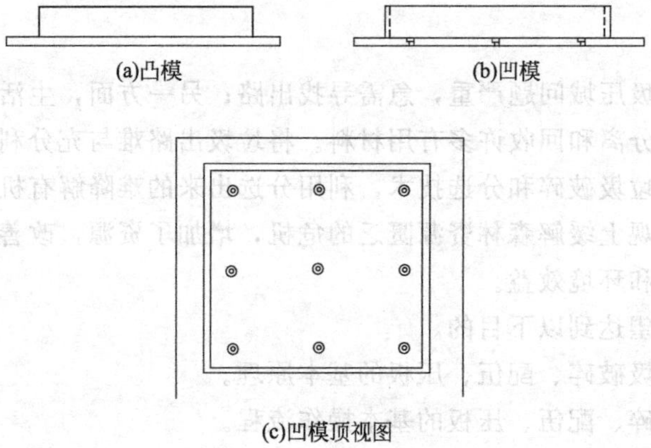

图 7-3　模具简图

模具共有两个部件，即凹模与凸模，两部件尺寸吻合，凹凸部分正好可以嵌合，制板材料就盛放在凹模内。凹模底板上的 9 个小孔称为取模孔，是用来在脱模时将复合板顶出模具的。为了在取模时让复合板受到的作用力均匀，避免局部施力过于集中导致脱模失败，因此取模孔按图中的位置排列，且每个小孔中均装有小垫柱，使脱模时板面受力更分散，脱模更有效。

四、实验步骤

(1) 制板材料的准备　纸张、塑料、棉絮以及锯末每种材料各取 1kg，脲醛树脂黏合剂 0.4kg。

(2) 材料的破碎　材料的颗粒大小将会直接影响到板材的质量，必须进行适当的破碎处理。利用强力破碎机分别将纸张、塑料与棉絮破碎至 3～5mm。

(3) 材料的烘干　材料含水率是影响到最终产品质量的一个重要因素，且敏感度非常高。材料中如果所含水分偏高，将会使制得的板材在加热冷却后变形，板面发生翘曲，成为废品。因此该步骤是将破碎后的材料与锯末放入烘箱中加热 1h 左右，蒸发掉多余的水分。

(4) 材料的混合　将材料从烘箱中取出后即可进行混合。因为该工艺中塑料不仅是板材的一种成分，同时也将起到黏合物料的作用，故如不能将各种材料充分混合的话，势必会使板成分不均匀，从而影响到板的质量。

(5) 施胶与拌胶　在搅拌物料的同时将事先准备好的黏合剂掺混进去，进行拌胶。拌胶要充分，尽量使有限的胶分布到更多的物料表面，这样才能不至于有的物料表面黏合剂过多而有些物料表面黏合剂不够，从而保证产品的质量。

(6) 装料并加压　将混合后的材料装入模具，将材料分布均匀，尽量使材料表面平整；然后用压机对其加压，压力控制在 10atm 左右，时间为 30s。在装料之前需在模具底板上喷洒脱模剂，便于实验产品的脱模操作。脱模剂需喷洒均匀，否则会出现板子局部脱模难的现象，有的部位很容易脱模而有的部位板子却会与模具粘连，破坏其表面。脱模剂用量又不能太大，因为脱模剂受热后颜色会变深，附着在板子表面会使它变黑，影响美观。

(7) 加热 将凹模与凸模嵌合的整套模具放入烘箱加热，加热温度控制在200℃左右，时间为1h。这段时间里，材料中的塑料受热熔融，将周围的纸张、棉絮与锯末颗粒粘接在一起。

(8) 再次加压并保压 将模具从烘箱中取出之后，再次用压机对其进行加压，压力为10atm，时间为1h。这次加压的目的是为了防止实验产品因温度骤降而引起变形。

(9) 脱模 脱模是通过对取模孔中的小垫柱施加外力，使其将板子顶出。脱模时需注意的是对小垫柱施力切忌过猛过快，轮流轻顶9个小孔中的小垫柱，这样才不会使板子因局部受力过大而受损；板子在小垫柱的轻推下慢慢地脱出模具。

(10) 板子修整 板子取出后用砂皮对其表面轻轻打磨，使其光滑、平整。因装料过程是人工操作的，板子的边缘必定凹凸不平，需裁平使其美观。

五、实验结果

将制取的板材按照国家标准《刨花板》(GB/T 4897—2015) 进行性能测试，测试结果记录于表7-1。

表 7-1 垃圾复合板材性能测试结果

检验项目		标准要求	检验结果
密度/(g/cm^3)		0.50～0.85	
静曲强度/MPa		14.0	
内结合强度/MPa		0.30	
握螺钉力/N	垂直板面	1100	
	水平板面	700	
弹性模量/MPa		2.5×10^3	
表面结合强度/MPa		0.90	

六、实验结果讨论

(1) 对实验结果进行评价。

(2) 讨论物料破碎程度对板材性能的影响。

实验八　有机垃圾堆肥过程模拟装置操作

一、实验目的

有机固体废物的堆肥化技术是一种常用的固体废物生物转换技术，是对固体废物进行稳定化、无害化处理的一种重要方式。

通过本实验，希望达到以下目的。

(1) 掌握有机垃圾好氧堆肥化的过程和原理。

(2) 了解堆肥过程的各种影响因素和控制措施。

二、实验原理

有机垃圾的好氧堆肥化是在有氧条件下，依靠好氧微生物的作用而腐殖化的过程，如图 8-1 所示。在好氧堆肥过程中，首先是垃圾中的可溶性小分子有机物透过微生物的细胞壁和细胞膜而为微生物吸收利用。不溶性大分子有机物则先附着在微生物的体外，由微生物所分泌的胞外酶分解为可溶性小分子物质，再输送入细胞内为微生物所利用。通过微生物的生命活动（合成及分解过程），把一部分被吸收的有机物氧化成简单的无机物，并提供生命活动所需要的能量，把另一部分有机物转化合成为新的细胞物质，供微生物增殖所需。

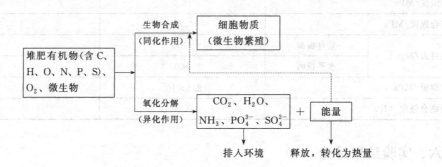

图 8-1　有机垃圾的好氧堆肥化

在好氧堆肥过程中，有机物的氧化分解可用式(8-1) 表示：

$$C_sH_tN_uO_v \cdot aH_2O + bO_2 \longrightarrow$$

$$C_wH_xN_yO_z \cdot cH_2O + dH_2O(气) + eH_2O(液) + fCO_2 + gNH_3 + 能量 \quad (8\text{-}1)$$

由于堆肥温度较高，部分水以蒸汽形式排出。堆肥成品 $C_wH_xN_yO_z \cdot cH_2O$ 与堆肥原料 $C_sH_tN_uO_v \cdot aH_2O$ 之比为 0.3～0.5（这是氧化分解减量化的结果）。式(8-1) 中 w、x、y、z 通常可取如下范围：$w=5\sim10$，$x=7\sim17$，$y=1$，$z=2\sim8$。

如果考虑有机垃圾中的其他元素，则式(8-1) 可简单表示为：

$$[C、H、O、N、P、S] + O_2 \longrightarrow$$

$$CO_2 + NH_3 + PO_4^{3-} + SO_4^{2-} + 简单有机物 + 更多的微生物 + 热量 \quad (8\text{-}2)$$

对于高温二次发酵堆肥工艺来说，通风供氧、堆料含水率、温度是最主要的发酵条件。另外，堆肥原料的有机质含量、粒度、C/N、C/P、pH 对堆肥过程也有影响。

三、实验装置与设备

实验装置由强制通风供气系统、反应器主体和渗滤液分离收集系统三部分组成，如图 8-2 所示。

（1）强制通风供气系统　气体由空压机 1 产生后可暂时贮存在缓冲器 2 里，经过气体流量计 3 定量后从反应器底部供气。供气管为直径 5mm 的蛇皮管。为了达到相对均匀的供气，把供气管在反应器内的部分加工为多孔管，并采用双路供气的方式。

（2）反应器主体　实验的核心装置是一次发酵反应器。设计采用有机玻璃制成罐，内径 390mm，高 480mm，总容积 57.32L。周围用保温材料包裹，以保证堆肥温度。反应器侧面设有取样口，可定期采样。反应器顶部设有气体收集管 7。用医用注射器作取样器 6，定时收集反应器内气体样本。此外，反应器上还配有测温装置 4、搅拌装置 5。

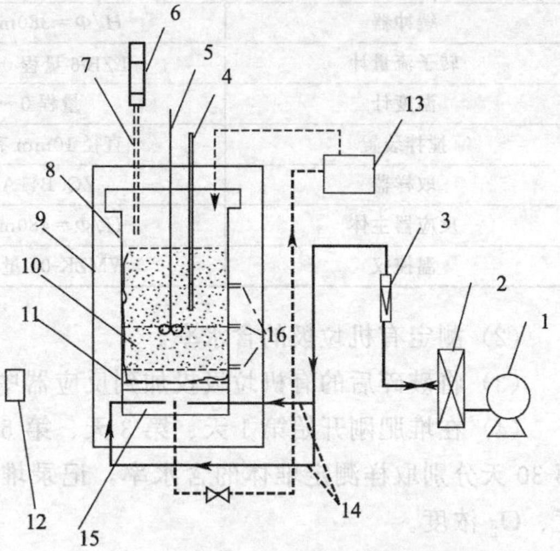

图 8-2　有机垃圾好氧堆肥实验装置

1—空压机；2—缓冲器；3—气体流量计；4—测温装置（温度计）；5—搅拌装置；6—取样器；7—气体收集管；8—反应器主体；9—保温材料；10—堆料；11—渗滤层；12—温控仪；13—渗滤液收集槽；14—进气管；15—集水区；16—取样口

（3）渗滤液分离收集系统　渗滤液分离收集系统如图 8-3 所示。反应器底部设有多孔板以分离渗滤液。多孔板用有机玻璃制成，板上布满直径 4mm 的小孔。多孔板下部的集水区底部为倾斜的锥面，可随时排出渗滤液。渗滤液贮存在渗滤液收集槽，需要时可进行回灌，以调节堆肥物含水率。

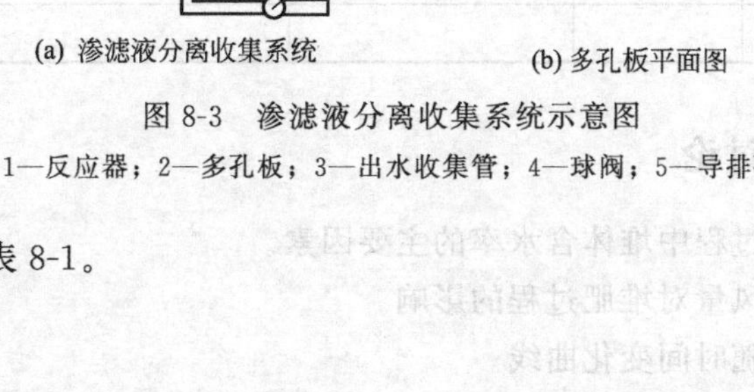

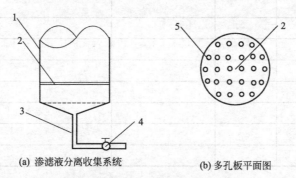

(a) 渗滤液分离收集系统　　(b) 多孔板平面图

图 8-3　渗滤液分离收集系统示意图

1—反应器；2—多孔板；3—出水收集管；4—球阀；5—导排孔

实验设备规格见表 8-1。

四、实验步骤

（1）将 40kg 有机垃圾进行人工剪切破碎，并过筛，控制粒度小于 10mm。

表 8-1 实验设备规格

名称	型号规格	备注
空压机	Z-0.29/7	
缓冲器	H/Φ=380mm/260mm	最高压力为 0.5MPa
转子流量计	LZB-6 量程 0～0.6m^3/h	20℃，101.3kPa
温度计	量程 0～100℃	
搅拌装置	直径 10mm 有机玻璃棍	
取样器	ZQ. B41A. 5 5mL	
反应器主体	H/Φ=480mm/390mm	材料为有机玻璃
温控仪	WMZK-01 量程 0～50℃	

（2）测定有机垃圾的含水率。

（3）将破碎后的有机垃圾投加到反应器中，控制供气流量为 1m^3/(h·t)。

（4）在堆肥刚开始第 1 天、第 3 天、第 5 天、第 8 天、第 10 天、第 15 天、第 20 天和第 30 天分别取样测定堆体的含水率，记录堆体中央温度，从气体取样口取样测定 CO_2 浓度、O_2 浓度。

（5）再调节供气流量，分别为 5m^3/(h·t) 和 8m^3/(h·t)。重复实验步骤（1）～(3)。

五、实验结果

（1）记录实验温度、气体流量等基本参数；记录实验主体设备的尺寸、温度、气体流量。

（2）实验数据可参考表 8-2 记录。

表 8-2 好氧堆肥过程记录 供气流量：______ m^3/(h·t)

项目	含水率 /%	温度 /℃	气体流量 /[m^3/(h·t)]	CO_2 浓度(体积分数) /%	O_2 浓度(体积分数) /%
原始垃圾		—		—	
第 1 天					
第 3 天					
第 5 天					
第 8 天					
第 10 天					
第 15 天					
第 20 天					
第 30 天					

六、实验结果与讨论

（1）分析影响堆肥过程中堆体含水率的主要因素。

（2）分析堆肥中通风量对堆肥过程的影响。

（3）绘制堆体温度随时间变化曲线。

实验九　有机肥腐熟度表征
（发芽率、外观检验等）

一、实验目的

腐熟度作为衡量堆肥产品的质量指标早已被提出，它的基本含义是通过微生物的作用，堆肥产品达到稳定化、无害化，不对环境产生不良影响。堆肥产品在使用期间，不能影响作物的生长和土壤的耕作能力。

本实验通过各种常用方法对堆肥的腐熟度进行判定，可以达到以下目的。

(1) 了解评价堆肥腐熟度的各种方法、参数和指标。

(2) 掌握常用的腐熟度分析方法。

二、实验原理

所谓腐熟度，是国际上公认的衡量堆肥反应进行程度的一种概念性参数。一般认为，作为一项生产性指示反映进程的控制标准，必须具有操作方便、反映直观、适应面广、技术可靠等特点。多年来，国内外许多研究人员对腐熟度进行过多种研究和探讨，提出了许多评判堆肥腐熟度、稳定性的指标和参数。

国内学者在总结国内外有关的研究工作基础上，主要从化学方法、生物活性法、植物毒性分析法等方面对堆肥腐熟度、稳定性及安全性的研究做了概述。表 9-1 是一些评价堆肥腐熟度的方法及其参数、指标或项目，分述如下。

表 9-1　评价堆肥腐熟度的方法汇总

方法名称	参数、指标或项目
物理方法	1. 温度 2. 颜色 3. 气味 4. 堆密度
化学方法	1. 碳氮比（固相 C/N 和水溶态 C/N） 2. 氮化合物（NH_4^+-N、NO_3^--N、NO_2^--N） 3. 阳离子交换量（CEC） 4. 有机化合物（水溶性或可浸提有机碳、还原糖、脂类、纤维素、半纤维素、淀粉等） 5. 腐殖质（腐殖质指数、腐殖质总量和功能基团）
生物活性法	1. 呼吸作用（耗氧速率、CO_2 产生速率） 2. 微生物种群和数量 3. 酶学分析
植物毒性分析法	1. 种子发芽实验 2. 植物生长实验
安全性测试法	致病微生物指标等

以上列出的参数和指标在堆肥初始和腐熟后的含量或数值都有显著的变化，其定性的变

化趋势很明显，如 C/N 降低，NH_4^+-N 减少和 NO_3^--N 增加，阳离子交换量升高，可生物降解的有机物减少，腐殖质增加，呼吸作用减弱等。

1. 物理方法

亦称表观分析法，根据外观、气味和温度等评价堆肥的稳定性。

堆肥经微生物降解腐熟后，其表观特征为：外观呈茶褐色或暗灰色，无恶臭，具有土壤的霉味，不再吸引蚊蝇；其产品呈现疏松的团粒结构；由于真菌的生长，其产品出现白色或灰白色菌丝。当微生物活动减弱时，热的生成率也相应下降，因而堆肥温度下降，一旦前期发酵的终点温度达到 45～50℃，且一周内持续不变，则可认为堆肥已完成一次发酵过程。

此法是凭经验观察堆肥的物理性状，可以作为定性的判定标准，难以进行定量分析。

2. 化学方法

化学方法的参数包括碳氮比、氮化合物、阳离子交换量、有机化合物和腐殖质 5 种。固相 C/N 是传统的最常用的堆肥腐熟度评价方法之一。一般来说，堆肥的固相 C/N 值从初始的（25～30）∶1 或更高降低到（15～20）∶1 以下时，认为堆肥达到腐熟。氮化合物中，铵态氮（NH_4^+-N）、硝态氮（NO_3^--N）及亚硝态氮（NO_2^--N）的浓度变化，也是堆肥腐熟度评价常用的参数。堆肥初期 NH_4^+-N 含量较高，堆肥结束时 NH_4^+-N 含量减少或消失，NO_3^--N 含量增加，数量最多，NO_2^--N 含量次之。阳离子交换量（CEC）能反映有机质降低的程度，是堆肥的腐殖化程度及新形成的有机质的重要指标，CEC 与 C/N 之间有很高的负相关性（$r=-0.903$），可作为评价腐熟度的参数。在堆肥过程中，堆料中的不稳定有机质分解转化为二氧化碳、水、矿物质和稳定化有机质，堆料的有机质含量变化显著。反映有机质变化的参数有化学耗氧量（COD）、生化需氧量（BOD_5）、挥发性固体（VS）、生物可降解物质（BDM）等。在堆肥过程中，原料中的有机质经微生物作用，在降解的同时还进行着腐殖化过程。用 NaOH 提取的腐殖质（HS）可分为胡敏酸（HA）、富里酸（FA）及未腐殖化的组分（NHF）。堆肥开始时一般含有较高的非腐殖质成分及 FA 和较低的 HA，随着堆肥过程的进行，前两者保持不变或稍有减少，而后者大量产生成为腐殖质的主要部分。

3. 生物活性法

反映堆肥腐熟和稳定情况的生物活性参数有呼吸作用、微生物种群和数量以及酶学分析等。其中使用较为普遍的是呼吸作用参数，即耗氧速率和 CO_2 产生速率。在堆肥中，好氧微生物的主要生命活动形式就是在分解有机物的同时消耗 O_2 产生 CO_2，研究表明，CO_2 生成速率与耗氧速率具有很好的相关性。耗氧速率［mg/(g·min)］和 CO_2 产生速率［mg/(g·min)］标志着有机物分解的程度和堆肥反应的进行程度，以耗氧速率或 CO_2 产生速率作为腐熟度标准是符合生物学原理的。由于受堆肥原料本身的影响较小，耗氧速率作为腐熟度标准具有应用范围较广的特点，它不但可用于垃圾堆肥，也可用于污泥堆肥、污泥-垃圾混合堆肥等过程的腐熟度判断。一般认为，每分钟耗氧百分率在 0.02%～0.1% 范围内为最佳。

4. 植物毒性分析法

通过种子发芽和植物生长实验可直观地表明堆肥腐熟情况。该实验是测定堆肥植物毒性的一种直接而快速的方法。植物在未腐熟的堆肥中生长受到抑制，而在腐熟的堆肥中生长得到促进。一般认为，堆肥的腐熟水平可由植物的生长量表示。未腐熟堆肥的植物毒性主要来自乙酸等低分子量有机酸和大量 NH_3、多酚等物质。在厌氧条件下的堆肥极易生成大量有机酸，因此，良好的通风条件是促进堆肥腐熟的重要保证。

植物毒性可用发芽指数（GI）来评价，通过十字花科植物种子的发芽实验，根据其发芽率和根长按下式计算发芽指数：

$$GI=\frac{样品发芽率\times样品根长}{对照发芽率\times对照根长}\times100\% \tag{9-1}$$

Garcia 等通过进行城市有机废物实验，根据堆肥的腐熟程度将堆肥过程分为以下三个阶段。

（1）抑制发芽阶段　一般在堆肥开始的 1～13d，此时堆肥对种子发芽几乎完全抑制。

（2）GI 迅速上升阶段　一般发生在堆肥后的 26～65d，34h 后，种子的发芽指数 GI 为 30%～50%。

（3）GI 缓慢上升至稳定阶段　继续堆肥超过 65d，GI 可上升到 90%。

三、腐熟度的检测方法

测定堆肥的腐熟程度对于堆肥工艺的研究、设计、肥效评价、堆肥的质量管理各方面都是重要的。以下主要介绍淀粉测定法、氮素实验法、生物可降解度的测定法和耗氧速率法。

1. 淀粉测定法

淀粉与碘可形成配合物，利用反应的颜色变化来判断堆肥的降解程度。当堆肥降解尚未结束时，堆肥物料中的淀粉未完全分解，遇碘形成的配合物呈蓝色；堆肥完全腐熟时，物料中的淀粉已全部降解，加碘呈黄色。堆肥进程中的颜色变化过程是深蓝色→浅蓝色→灰色→绿色→黄色（具体见本书实验二）。

2. 氮素实验法

完全腐熟的堆肥含有硝酸盐、亚硝酸盐和少量氨，未腐熟时则含大量氨而不含硝酸盐。根据这一特点，利用碘化钾溶液遇痕量氨呈黄色、遇过量氨呈棕褐色，Griess 试剂（苯和乙酸的混合液）和亚硝酸盐反应呈红色等现象，分别定性测试堆肥样品中是否含有氨和亚硝酸盐，来判定堆肥是否腐熟。

（1）步骤　此法的测定过程如下。

① 将少量堆肥样品置于器皿中，徐徐加入蒸馏水并用角匙充分搅拌，同时用角匙试压固态试样表面，当有少量的水渗出时就停止加水。

② 将直径为 9cm 的滤纸裁成两半，置于一块玻璃板或塑料板上，在此两张半圆的滤纸上再放上一张未被裁开的相同直径的滤纸。

③ 在滤纸上面覆以一个外径为 8cm 的塑料环，在环内装满潮湿的试样，用角匙压实试样使其能够湿透滤纸。

④ 将环和试样及其下面的滤纸一起拿掉，试样浸液透过上层滤纸清晰地呈现在两张半圆的滤纸上。

⑤ 取市售的纳氏试剂（主要为碘化钾溶液）数滴，滴于半张滤纸上，若出现棕褐色，则表明堆肥尚未完全腐熟，即可停止实验。

⑥ 若出现黄色或淡黄色，表明堆肥中有少量氨存在，则取另外半张滤纸，在其上滴数

滴 Griess 试剂；如果滤纸呈现红色，说明存在亚硝酸盐，若不显红色，接着在滤纸表面撒上少量还原剂（150℃烘干的 $BaSO_4$ 95g、锌粉 5g、$MnSO_4 \cdot H_2O$ 12g 的混合物）；如果不久滤纸出现红色，说明存在硝酸盐，表明堆肥已完全腐熟。

（2）试剂　该实验所用试剂如下。

① 纳氏试剂。

② 苯。

③ 乙酸。

④ 锌粉。

⑤ 硫酸钡。

⑥ 硫酸锰。

3. 生物可降解度的测定法

本法是一种以化学手段估算生物可降解度的间接测定方法（具体见本书实验二）。

4. 耗氧速率法

在高温好氧堆肥中，通过好氧微生物在有氧的条件下分解有机物的过程，可使堆肥物质逐渐稳定腐熟，此生物化学过程中，O_2 的消耗速率和 CO_2 的生成速率可以反映堆肥的腐熟程度。可通过测氧枪和微型吸气泵将堆层中的气体抽吸至 O_2-CO_2 测定仪，由仪器自动显示堆层中 O_2 或 CO_2 浓度在单位时间内的变化值，以了解堆肥物料的发酵程度和腐熟情况。为提高测定的准确性，可同时对堆层的不同深度、不同位置进行测定。

本法测试中使用的测氧枪由金属锥头和镀锌自来水管组成。测氧枪可制成多个（1～3个）气室，这样用一支枪可采集多个位点的试样。此外，在测试中也可将热敏电阻插头装入枪内，在采集气体的同时测得温度。气体测定时必须注意残留在测氧枪中的气体量的影响，残留气体量可根据测氧枪气室和金属细管容积以及乳胶管的长度和内径求得。在采集下一次的测定试样时，应先将这部分残留气体抽出。

5. 发芽实验

将有机堆肥的干燥样品与去离子水按 1∶10（*W*∶*V*）比例混合振荡 2h，浸提液在 5000r/min 下离心分离 20min，上清液经滤纸过滤后待用。将一张滤纸置于干净无菌的 9cm 培养皿中，在滤纸上均匀摆放 20 粒阳春大白菜种子，吸取 5mL 浸提液的滤液于培养皿中，在 25℃暗箱中培养 48h，计算发芽率并测定根长，然后计算种子的发芽指数。每个样品做 2 个重复，并同时用去离子水作为空白对照。发芽指数 GI（germination index）由式(9-1) 计算：

$$GI=\frac{\text{样品发芽率}\times\text{样品根长}}{\text{对照发芽率}\times\text{对照根长}}\times 100\%$$

四、实验步骤

将实验八中制取的不同堆肥时间（第 3 天、第 5 天、第 10 天、第 15 天、第 20 天和第 30 天）的有机堆肥作为样品进行实验。

（1）通过表观分析法，描述外观、气味和温度来评价堆肥的稳定性。

（2）通过化学检测的方法，判定腐熟度，可采用的方法有淀粉测定法、氮素实验法、生物可降解度的测定法和耗氧速率法。

（3）植物毒性分析，通过种子发芽实验来判定腐熟度。

五、实验结果

实验测得各数据以及相关表征，可参照表 9-2 和表 9-3 记录。

表 9-2　有机肥腐熟度表征实验记录

实验日期：　年　月　日					
堆肥时间	表观分析	化学检测			
		淀粉测定	氮素实验	生物可降解度	耗氧速率
第 3 天					
第 5 天					
第 10 天					
第 15 天					
第 20 天					
第 30 天					

表 9-3　种子发芽实验结果记录

实验日期：　年　月　日					
堆肥时间	样品发芽数	样品根长度	对照发芽数	对照根长度	发芽指数 GI
第 3 天					
第 5 天					
第 10 天					
第 15 天					
第 20 天					
第 30 天					

六、实验结果讨论

（1）比较各种表征方法的表征效果如何？哪种方法可信度更高？

（2）根据实验结果，判定实验所使用的堆肥达到完全腐熟所需的时间大概是多长？

（3）总结每种化学检测方法的操作有何注意事项。

实验十　有机垃圾厌氧发酵产甲烷

一、实验目的

有机垃圾的厌氧发酵是在厌氧条件下，利用微生物的分解作用将有机物转化为二氧化碳和甲烷的过程。按照两阶段理论，该过程可分为产酸和产甲烷两个阶段。产酸阶段主要是利用水解和发酵菌群将复杂的有机物分解为简单的有机物，进而降解为各种有机酸；产甲烷阶段则利用前一阶段产生的有机酸为养分，将其进一步转化为甲烷和二氧化碳。

通过本实验，主要达到以下目的。

(1) 掌握有机垃圾厌氧发酵产甲烷的过程和机理。

(2) 了解厌氧发酵的操作特点以及主要控制条件。

二、实验原理

有机垃圾厌氧发酵产甲烷的四阶段（三阶段）理论可用图 10-1 表示。

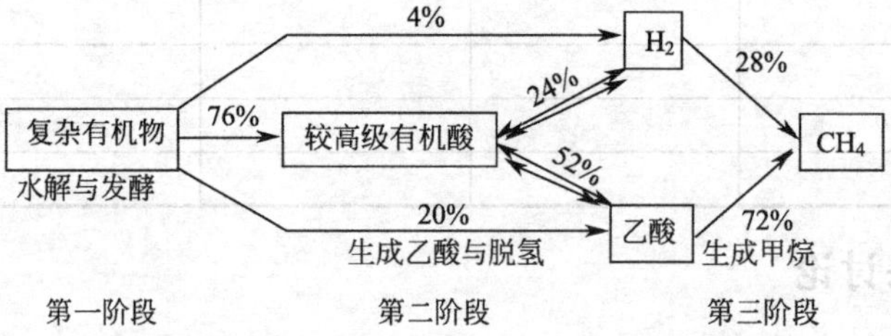

图 10-1　有机垃圾厌氧发酵三阶段过程示意图

(1) 水解阶段　兼性和部分专性厌氧细菌发挥作用，复杂的大分子有机物被胞外酶水解成小分子的溶解性有机物。

(2) 酸化阶段　溶解性有机物由兼性或专性厌氧细菌经发酵作用转化为有机酸、醇、醛、CO_2 和 H_2。

有时将上述两个阶段合为一个阶段，称为水解酸化阶段。

(3) 产乙酸阶段　专性厌氧的产氢产乙酸细菌将上一阶段的产物进一步利用，生成乙酸和 H_2、CO_2；同时同型乙酸细菌将 H_2 和 CO_2 合成乙酸，有时也将乙酸分解成 H_2 和 CO_2。

(4) 甲烷化阶段　产甲烷菌（最严格的专性厌氧细菌）利用乙酸、H_2、CO_2 和一碳化合物产生 CH_4。转化的途径为：

$$CH_3COOH \longrightarrow CH_4 + CO_2$$

$$CO_2 + 4H_2 \longrightarrow CH_4 + 2H_2O$$

上述阶段不再像以前认为的那样是简单的接续关系，而是一个复杂平衡的生态系统，存在着互生、共生关系。例如乙酸化阶段产生的 H_2 是有抑制作用的，如不加以去除，则会使发酵途径变化，产生丙酸（称为丙酸型发酵），丙酸积累会导致反应器中的酸性末端增加，pH 降低，厌氧消化停止。

厌氧过程没有氧分子参加，酸化过程中产生的能量较少，许多能量保留在有机酸分子中，在产甲烷菌作用下以甲烷气体的形式释放出来。

三、实验材料与方法

1. 实验装置

实验所用的厌氧消化反应器为圆柱形，如图 10-2 所示。反应器总容积为 7L，有效容积为 5L，机械搅拌，转速为 80r/min，放在水浴中，用温控仪控制温度为 (35±1)℃，采用蠕动泵每日进出料一次。

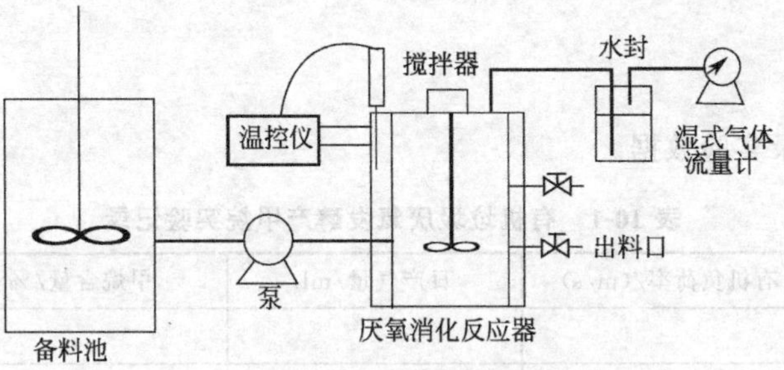

图 10-2　有机垃圾厌氧发酵实验装置

2. 发酵原料

实验中采用的有机垃圾可取自校区学生食堂，测定其固体含量（TS）和挥发性固体含量（VS），剔除其中的骨头等硬物后用食物粉碎机将其粉碎到 2mm 左右，通过添加自来水调节 TS 到 10%。

3. 接种

可采用活性污泥接种，取就近的污水处理厂污泥间的脱水剩余活性污泥，在培养过程中可以不添加其他培养物。

4. 分析方法

(1) TS 和 VS 的检测采用重量法。

(2) TCOD 和 SCOD 的检测采用 $K_2Cr_2O_7$ 氧化法。

(3) pH 值使用精密 pH 计测定。

(4) 甲烷和二氧化碳浓度可采用 9000D 型便携式红外线分析系统测定。

(5) TN 采用日本 SHIMADZU 公司 TOC-V CPN 型 TOC/TN 分析仪测定。

(6) 挥发性脂肪酸（VFA），以乙酸计，采用滴定法测定。

四、实验步骤

(1) 污泥驯化。将脱水污泥加水过筛以去除杂质，然后放入恒温室内厌氧驯化一天。

(2) 按实验要求配制好有机垃圾的样品，放置于备料池中备用。

(3) 将培养好的接种污泥投入反应器，采用有机垃圾和污泥 VS 之比为 1∶1（或 2∶1）的混合物料。用 CO_2 和 N_2 的混合气通入反应器底部 2～3min，以吹脱瓶中剩余的空气。立即将反应器密封，将系统置于恒温中进行培养。恒温系统温度升至 35℃时，测定即正式开始。

(4) 记录每日产气量以及相关参数，直到底物的 VFA 的 80%已被利用。

(5) 为了消除污泥自身消化产生甲烷气体的影响，需做空白实验，空白实验是以去离子水代替有机垃圾，其他操作与活性测定实验相同。

(6) 分别设置不同的反应温度以及不同的有机垃圾与活性污泥的配比，考察不同温度对厌氧发酵产甲烷的影响。

五、注意事项

每日测试 pH，若发现 pH 低于 5.5，需要向发酵瓶内加入 5% NaOH 溶液，将 pH 调节至 6.0～7.0。

六、实验记录

参考表 10-1 记录实验数据。

表 10-1 有机垃圾厌氧发酵产甲烷实验记录

序号	有机负荷率/(m/s)	日产气量/mL	甲烷含量/%	pH
1				
2				
3				
4				
5				
6				

七、实验结果讨论

(1) 记录厌氧发酵过程中体系 pH 的变化，并结合发酵原理给予分析。

(2) 讨论操作参数对厌氧发酵的影响。

实验十一　厌氧发酵沼液和沼渣生物毒性判断

一、实验目的

发酵余物沼液、沼渣是农林作物可利用的无害高效有机肥。其用途的开发也越来越受到人们的关注。同时，了解沼液、沼渣的生物毒性对其深入广泛的应用是具有实际意义的。

通过本实验，主要达到以下目的。

(1) 了解沼液、沼渣的特性以及综合利用。

(2) 掌握利用光细菌进行生物毒性判断的方法。

二、实验原理

1. 沼液性质及其应用

经沼气发酵后的有机残渣和废液统称为沼气发酵残留物，它是由固体和液体两部分组成的。在沼气池内，两部分分布不均匀。浮留在表面的固体物称为浮渣，这层的组成很复杂，既有经过发酵密度变小了的有机残屑，也有未被充分脱脂的秸秆、柴草；沼气池的中间为液体（中上部为清液，下半部为悬液），通常称为沼液；底层为泥状沉渣，称为沼渣。在缺乏搅拌装置的沼气池中，固、液分层分布的现象很普遍，对产沼气和出沼肥都有一定的影响。

以某厌氧反应器内泔脚发酵后的沼液为例，其基本性质见表 11-1。

表 11-1　沼液的基本性质

参数		单位	数值
COD		mg/L	6600～8600
TSS(总悬浮固体)		mg/L	350～620
VSS(挥发性悬浮固体)		mg/L	300～550
VFA(挥发性脂肪酸)		mg/L	5920～7910
VFA(挥发性脂肪酸)组成	乙酸酯	%	26
	丙酸酯	%	18
	丁酸酯	%	35
	戊酸酯	%	17
	己酸酯	%	4
PO_4^{3-}-P		mg/L	80～150
TKN		mg/L	150～250
pH			6.4～6.8
碱度		mg/L	2500～3500

沼液不仅含有丰富的氮、磷、钾等大量营养元素和锌等微量营养元素，而且含有 17 种氨基酸、活性酶。这些营养元素基本上是以速效养分形式存在的。因此，沼液的速效营养能

力强，养分可利用率高，是多元的速效复合肥料，能迅速被动物和农作物吸收利用。

长期的厌氧、绝（少）氧环境，使大量的病菌、虫卵、杂草种子窒息而亡，并使沼液不会带活病菌和虫卵，沼液本身含有吲哚乙酸、乳酸菌、芽孢杆菌、赤霉素和较高容量的氨和铵盐，这些物质可以杀死或抑制谷种表面的病菌和虫卵。因此，沼液、沼渣又是病菌极少的卫生肥料，生产中常用于浸种、叶面施肥，达到防病灭虫的效果。据实验，它对小麦、豆类和蔬菜的蚜虫防治具有明显效果。另外，沼液对小麦根腐病菌、水稻小球菌核病菌、水稻纹枯病菌、棉花炭疽病菌等都有强抑制作用，对玉米大斑病菌、玉米小斑病菌有较强抑制作用。

2. 沼渣性质及其应用

干沼渣为固体状物质，一般为黑色或灰色。由于发酵原料的不同，沼渣的物理和化学性质也有较大差异，以某农场的牛羊粪便厌氧发酵后的沼渣为例，具体性质见表 11-2 和表 11-3。

表 11-2 沼渣的基本性质

参数	数值	参数	数值
pH	8.9	空隙率/%	60.17
比表面积/(m^2/g)	160	含水率/%	3.525
容积密度/(g/cm^3)	1.86	灰分/%	54.93
相对密度	1.86	C/N	15.4

表 11-3 灰分元素分析

质量分数/%				质量浓度/(mg/kg)			
N	P	K	Na	Ca	Cu	Zn	Mn
1.33	0.21	0.30	0.14	0.88	35	99	397

除此之外，沼渣还具有以下性质。

(1) 沼渣含有丰富的蛋白质，以风干物的粗蛋白质含量计算，可达 10%～20%，并且还含有用作饲料必备的特种氨基酸——蛋氨酸和赖氨酸等。

(2) 沼渣具有丰富的氮、磷、钾和矿物盐等，适用于农作物和畜类的发育和生长。

(3) 沼渣含有一定数量的激素、维生素，有利于禽畜的生长。

(4) 沼渣无毒无臭，细菌和病原体的含量也较少。

三、材料与方法

(1) 菌种　明亮发光杆菌（*Photobacterium phosphoreum*）T_3 小种。

(2) 稀释液　30g/L NaCl 溶液。

(3) 参比毒物 HgCl 标准溶液　HgCl 毒性较为稳定，以 HgCl 作为参比毒物，HgCl 标准溶液系列质量浓度设置为 0.04mg/L、0.08mg/L、0.12mg/L、0.16mg/L、0.20mg/L、0.24mg/L 和 0.28mg/L。

(4) 毒性检测　DXY 2 型生物毒性测试仪（中国科学院南京土壤研究所研制）。

(5) 样品处理　将沼渣样品风干、磨碎、过 2mm 筛，然后用蒸馏水浸提，*m*（污泥）：

m(水)=1∶10，水平振荡 24h，离心、过滤，取滤液保存。测试前向滤液中加入 NaCl，使 NaCl 质量浓度达 30g/L。若浓度较高，可先用蒸馏水稀释若干倍数。沼液样品直接离心、过滤，取滤液保存。

四、实验步骤

1. 样品的 T_3 发光细菌实验

(1) 将培养后在 4℃保存（不超过 24h）的 T_3 菌悬液在 20～22℃室温下复苏，菌体即恢复发光。将菌液充分摇匀，复苏稳定 30min 后用于实验。向测试瓶中加 30g/L NaCl 溶液 2mL，复苏菌液 50μL，轻轻混匀后立即置于毒性测试仪中测定，其发光量在 800～1000mV 范围内方可用于测试。为了保证测试温度恒定，发光细菌实验应在保持室温为 20～22℃的实验室内进行。同一批样品在测定过程中温度变化不大于±1℃。

(2) 污泥样品浸提液和 HgCl 系列标准溶液同步进行毒性测定，以 30g/L NaCl 溶液作为空白对照。每个样品设 3 个平行样，同时对应 3 个平行对照。将 50μL 复苏发光细菌悬液加入含有 2mL 测试溶液的测试瓶中，混匀，静置 15min 后立即测定，记录发光细菌的发光输出（mV）。如样品浸提液有颜色，应做色度补偿。

2. 计算相对发光度

测定管发光强度的变化用相对发光度（T）表示，公式为：T=(样品发光度/对照发光度)×100%。

3. 数据处理

参考表 11-4 记录实验数据。

表 11-4 样品的 T_3 发光细菌实验记录

实验日期： 年 月 日

样品	样品发光度	对照发光度	相对发光度
沼渣			
沼液			

五、结果与讨论

(1) 分析来自同一厌氧发酵池的沼液和沼渣的生物毒性的高低，并分析原因。

(2) 样品处理中，有哪些注意事项？

实验十二　生活垃圾炉排焚烧炉模拟装置操作

一、实验目的

焚烧法是一种高温热处理技术，即以一定量的过剩空气与被处理的有机废物在焚烧炉内进行氧化燃烧反应，废物中的有害有毒物质在 800～1200℃的高温下氧化、热解而被破坏，是一种可同时实现废物无害化、减量化和资源化的处理技术。

焚烧炉种类繁多，主要有炉排焚烧炉、炉床焚烧炉和沸腾流化床焚烧炉三种类型。我国城市垃圾的发热量多处于 3800～6200kJ/kg 之间，少数地区含高热组分多、湿度低的垃圾其发热量可达 8800kJ/kg 左右。垃圾的形态多为块粒状、片状或纤维状，能堆放在炉排上进行表面燃烧和热解燃烧，所以适宜选择机械炉排焚烧炉。这类炉排的最大特点是对不同形态的垃圾及其焚烧量规模的适应性强，便于利用烟气热量预热助燃空气和垃圾本身，可以设置余热锅炉产生热水或蒸汽，或者实行热电联产。

焚烧温度、搅拌混合程度、气体停留时间（一般称为 3T）及过剩空气率合称为焚烧四大控制参数。现阶段我国垃圾具有水分高、热值低、质地不均匀等特点，与焚烧温度燃烧的稳定性有直接关系。稳定控制焚烧温度是焚烧系统正常运行的关键因素。

通过本实验，可以达到以下目的。

(1) 掌握炉排焚烧炉焚烧垃圾的原理和特点。

(2) 掌握炉排焚烧炉模拟装置的操作。

(3) 了解焚烧温度对垃圾的燃烧效果的影响。

二、实验原理

炉排焚烧炉是目前在处理城市垃圾中使用最为广泛的焚烧炉，其典型结构如图 12-1 所示。系统包括垃圾吊车及抓斗、炉排焚烧炉、炉渣排放设备、烟气冷却净化设备、鼓引风系统、余热利用系统、自动控制系统、尾气在线监测系统、电力设备系统、监视控制系统等。焚烧炉燃烧室内放置有一系列机械炉排，通常按其功能分为干燥段、燃烧段和后燃烧段。垃圾由添料装置进入机械炉排焚烧炉后，在机械炉排的往复运动下，逐步被导入燃烧室内炉排上，垃圾在由炉排下方送入的助燃空气及炉排运动的机械力共同推动及翻滚下，在向前运动的过程中水分不断蒸发，通常垃圾在被运送到水平燃烧炉排时被完全干燥并开始点燃。燃烧炉排运动速度的选择原则是应保证垃圾在到达

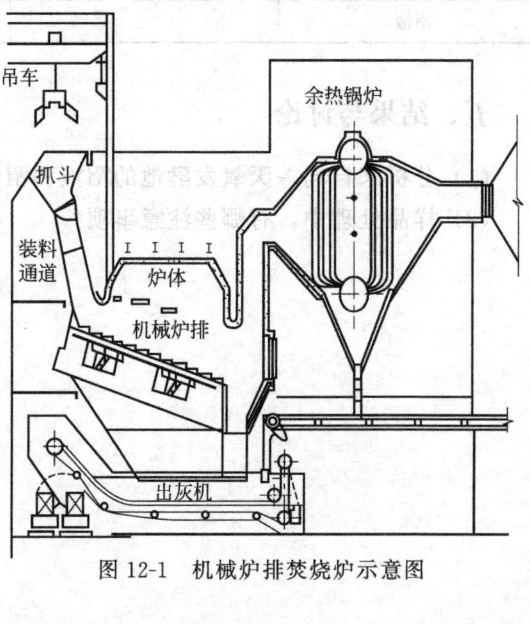

图 12-1　机械炉排焚烧炉示意图

该炉排尾端时被完全燃尽成灰渣。从后燃烧段炉排上落下的灰渣进入灰斗。

评价焚烧效果的方法有多种，一般有目测法、热灼减量法和一氧化碳法。比较直接的是用肉眼观察垃圾焚烧产生的烟气的“黑度”来判断焚烧效果，烟气越黑，焚烧效果越差。本实验采用焚烧残渣热灼减量 Q_R 来衡量焚烧的处理效果。热灼减量是指焚烧残渣在（600±25)℃经 3h 热灼后减少的质量占原焚烧残渣质量的百分数，其计算方法如下：

$$Q_R=\frac{m_a-m_d}{m_a}\times 100\%$$

式中 Q_R——热灼减量，%；

m_a——焚烧残渣在室温时的质量，kg；

m_d——焚烧残渣在（600±25)℃经 3h 热灼后冷却至室温的质量，kg。

焚烧残渣的热灼减量越大，表明燃烧反应越不完全，焚烧效果越差；反之，焚烧效果越好。

三、实验装置和材料

本实验可选用市场上购买的小型炉排焚烧炉。

生活垃圾取自某居住小区的垃圾集装点。

四、实验步骤

(1) 为了提高垃圾焚烧效果，将垃圾试样采用破碎机或其他破碎方法破碎至 10～100 mm 范围内。

(2) 打开风机，点火，升高炉温，将垃圾从焚烧炉顶部投入进行燃烧。

(3) 将炉温升到 600℃，垃圾稳定燃烧 30min 以上，取残渣进行热灼减量测定。

(4) 改变焚烧温度，分别升高到 800℃、900℃、1000℃和 1100℃，各取焚烧残渣进行热灼减量的分析。

五、实验数据

(1) 记录实验设备基本参数，包括焚烧炉功率，鼓风机的型号、风量，气体流量计的量程、最小刻度等。

(2) 记录焚烧炉初始温度、升温时间。

(3) 参考表 12-1 记录实验数据。

表 12-1　不同焚烧温度下的垃圾焚烧效果

实验序号	1	2	3	4	5
焚烧温度/℃	600	800	900	1000	1100
热灼减量/%					

(4) 为分析焚烧炉焚烧温度对垃圾焚烧效果的影响，根据实验数据作图，纵坐标为焚烧残渣热灼减量，横坐标为焚烧温度。

六、讨论

(1) 分析焚烧温度对垃圾焚烧效果的影响。

(2) 试设计垃圾在焚烧炉内不同停留时间对焚烧效果的影响实验，并对结果进行讨论。

实验十三　生活垃圾流化床焚烧炉模拟装置操作

一、实验目的

现阶段我国垃圾具有水分高、热值低、质地不均匀等特点，焚烧过程中需要进行良好的混合。流化床通过布风，形成床料颗粒的大尺度内部循环，可加剧垃圾和床料间的碰撞混合，改善燃烧效果，垃圾焚烧过程中二次污染物的产生，尤其是大气污染物（NO_x、SO_2、CO、碳氢化合物、二噁英、呋喃类等）的产生，与焚烧温度燃烧的稳定性有直接关系。稳定控制焚烧温度是焚烧系统正常运行的关键因素。

通过本实验，可以达到以下目的。

(1) 掌握流化床焚烧炉焚烧垃圾的原理和特点。

(2) 掌握流化床焚烧炉模拟装置的操作。

(3) 了解焚烧温度和布风速度等因素对流化床焚烧炉的燃烧效果的影响。

二、实验原理

流化床垃圾焚烧炉主要是沸腾流动层状态。一般垃圾粉碎到 20cm 以下后再投入炉内，利用炉底分布板吹出的热风将垃圾悬浮起呈沸腾状进行燃烧。一般常采用中间媒体即载体（砂子）进行流化，再将垃圾加入流化床中与高温的砂子（650～800℃）接触混合，瞬间气化并燃烧。

评价焚烧效果的方法有多种，一般有目测法、热灼减量法和一氧化碳法。比较直接的是用肉眼观察垃圾焚烧产生的烟气的“黑度”来判断焚烧效果，烟气越黑，焚烧效果越差。本实验采用焚烧残渣热灼减量 Q_R 来衡量焚烧的处理效果。焚烧残渣的热灼减量越大，表明燃烧反应越不完全，焚烧效果越差；反之，焚烧效果越好。

热灼减量是指焚烧残渣在 (600±25)℃经 3h 热灼后减少的质量占原焚烧残渣质量的百分数，其计算方法如下：

$$Q_R=\frac{m_a-m_d}{m_a}\times 100\%$$

式中　Q_R——热灼减量，%；

m_a——焚烧残渣在室温时的质量，kg；

m_d——焚烧残渣在 (600±25)℃经 3h 热灼后冷却至室温的质量，kg。

分别改变垃圾焚烧温度和流化速度进行了垃圾焚烧实验。

三、实验装置

小型流化床实验装置如图 13-1 所示，实验系统由供气部分、流化床反应炉等部分组成。

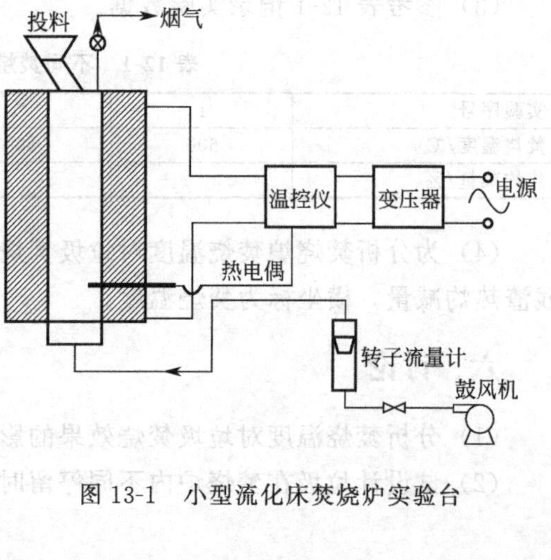

图 13-1　小型流化床焚烧炉实验台

流化床内部为一根内径 40mm、高度 500mm 的螺纹陶瓷管，功率 2kW 的电热丝缠绕在陶瓷管上（主要集中于密相区）；布风板为孔径约 50μm 的不锈钢网；陶瓷管外设置石棉保温层，以减少散热损失，并保证实验的安全。床层内装有 K 型热电偶测量床温，超温时通过温控仪 XCT 可使电源自动跳闸，加热功率由变压器调节。送风系统由一台鼓风机和转子流量计组成，气体流量由调节阀控制，选取石英砂作为床料，其平均粒径为 0.277mm，最小流化风速为 0.323m/s。混合好的垃圾分次由流化床上部投入。

四、实验步骤

（1）将垃圾试样采用破碎机或其他破碎方法破碎至粒度小于 10mm。

（2）打开鼓风机，调节风量使流化速度为 0.1m/s，并接通电源，升高炉温，将垃圾从焚烧炉顶部投入进行燃烧。

（3）将炉温升到 600℃，垃圾稳定燃烧 30min 以上，取残渣进行热灼减量测定。

（4）调节鼓风机风量使流化速度保持在 0.1m/s，改变焚烧温度，分别升高至 800℃、900℃和 1000℃，稳定燃烧 30min 后，取残渣分析热灼减量。

（5）焚烧温度保持在 1000℃，调节鼓风机风量，使流化速度分别为 0.08m/s、0.09m/s、0.11m/s 和 0.12m/s 时，取残渣进行热灼减量测定。注意每一个流化速度下垃圾均稳定燃烧 30min 以上。

五、实验数据

（1）记录实验设备基本参数，包括焚烧炉功率，鼓风机的型号、风量，气体流量计的量程、最小刻度等。

（2）记录焚烧炉初始温度、升温时间。

（3）参考表 13-1、表 13-2 记录实验数据。

表 13-1　不同焚烧温度下的垃圾焚烧效果（流化速度为 0.1m/s）

实验序号	1	2	3	4
焚烧温度/℃	600	800	900	1000
热灼减量/%				

表 13-2　不同流化速度下的垃圾焚烧效果（焚烧温度为 1000℃）

实验序号	1	2	3	4	5
流化速度/(m/s)	0.08	0.09	0.1	0.11	0.12
热灼减量/%					

（4）为分析流化床焚烧炉焚烧温度和流化速度对垃圾焚烧效果的影响，根据实验数据作图，纵坐标为焚烧残渣热灼减量，横坐标分别为焚烧温度和流化速度。

六、实验结果与讨论

（1）分析不同焚烧炉焚烧温度对垃圾焚烧效果的影响。

（2）分析不同流化速度对垃圾焚烧效果的影响。

实验十四　布袋除尘器性能测定

一、实验目的

布袋除尘器利用织物过滤含尘气体使粉尘沉积在织物表面上以达到净化气体的目的，是一种广泛使用的高效除尘器。布袋除尘器的除尘效率和压力损失必须由实验测定。

通过本实验，达到以下目的。

(1) 进一步提高对布袋除尘器结构形式和除尘机理的认识。

(2) 掌握布袋除尘器主要性能的实验方法。

(3) 了解过滤速度对布袋除尘器压力损失及除尘效率的影响。

二、实验原理

布袋除尘器性能与其结构形式、滤料种类、清灰方式、粉尘特性及运行参数等因子有关。本实验是在其结构形式、滤料种类、清灰方式和粉尘特性已定的前提下，测定布袋除尘器的主要性能指标，并在此基础上，测定气体流量（Q）、过滤速度（v_F）对布袋除尘器压力损失（Δp）和除尘效率（η）的影响。

1. 处理气体流量和过滤速度的测定和计算

(1) 处理气体流量的测定和计算　采用动压法测定布袋除尘器处理气体流量（Q），应同时测出除尘器进、出口连接管道中的气体流量，取其平均值作为除尘器的处理气体流量：

$$Q=\frac{1}{2}(Q_1+Q_2) \tag{14-1}$$

式中，Q_1、Q_2 分别为布袋除尘器进、出口连接管道中的气体流量，m^3/s。

除尘器漏风率（δ）按下式计算：

$$\delta=\frac{Q_1-Q_2}{Q_1}\times 100\% \tag{14-2}$$

一般要求除尘器的漏风率小于±5%。

(2) 过滤速度的计算　若布袋除尘器总过滤面积为 $F(m^2)$，则其过滤速度 $v_F(m/s)$ 按下式计算：

$$v_F=\frac{Q}{F} \tag{14-3}$$

2. 压力损失的测定和计算

布袋除尘器压力损失（Δp）为除尘器进、出口管中气流的平均全压之差。当布袋除尘器进、出口管的断面面积相等时，可采用其进、出口管中气体的平均静压之差计算，即：

$$\Delta p=p_{s1}-p_{s2} \tag{14-4}$$

式中，p_{s1}、p_{s2} 分别为布袋除尘器进、出口管中气体的平均静压，Pa。

布袋除尘器的压力损失与其清灰方式和清灰制度有关。本实验装置采用手动清灰方式，实验应尽量保证在相同的条件下进行。当采用新滤料时，应预先发尘运行一段时间，使新滤料在反复过滤和清灰过程中，残余粉尘基本达到稳定后再开始实验。

考虑到布袋除尘器在运行过程中，其压力损失随运行时间产生一定变化。因此，在测定压力损失时，应每隔一定时间连续测定（一般可考虑 5 次），并取其平均值作为除尘器的压力损失（Δp）。

3. 除尘效率的测定和计算

除尘效率采用质量浓度法测定，即采用等速采样法同时测出除尘器进、出口管道中气流的平均含尘浓度 ρ_1 和 ρ_2，按下式计算：

$$\eta=\left(1-\frac{\rho_2 Q_2}{\rho_1 Q_1}\right)\times 100\% \qquad (14\text{-}5)$$

由于布袋除尘器除尘效率高，除尘器进、出口气体含尘浓度相差较大，为保证测定精度，可在除尘器出口采样中适当加大采样流量。

4. 压力损失、除尘效率与过滤速度关系的分析测定

为了得到除尘器的 v_F-η 和 v_F-Δp 的性能曲线，应在除尘器清灰制度和入口气体含尘浓度（ρ_1）相同的条件下，测出除尘器在不同过滤速度（v_F）下的压力损失（Δp）和除尘效率（η）。

过滤速度的调整可通过改变风机入口阀门开度实现，利用动压法测定过滤速度。

保持实验过程中 ρ_1 基本不变。可根据发尘量 S(g)、发尘时间 τ(s) 和入口气体流量 Q_1(m^3/s)，按下式估算除尘器入口含尘浓度 ρ_1(g/m^3)：

$$\rho_1=\frac{S}{\tau Q_1} \qquad (14\text{-}6)$$

三、实验装置和仪器

1. 装置与流程

本实验流程如图 14-1 所示。

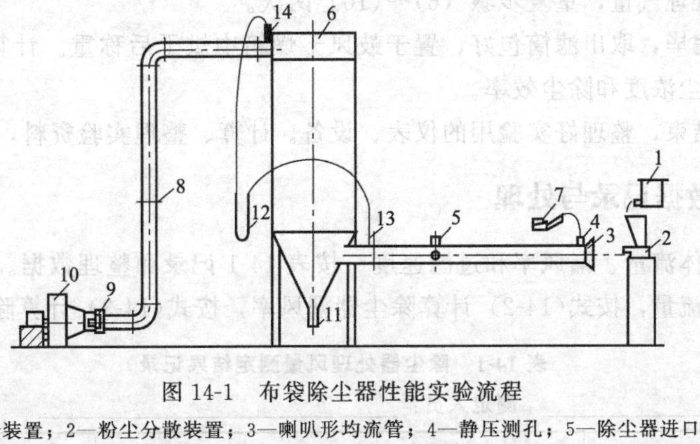

图 14-1 布袋除尘器性能实验流程

1—粉尘供给装置；2—粉尘分散装置；3—喇叭形均流管；4—静压测孔；5—除尘器进口测定断面；6—布袋除尘器；7—倾斜微压计；8—除尘器出口测定断面；9—阀门；10—风机；11—灰斗；12—U 形管压差计；13—除尘器进口静压测孔；14—除尘器出口静压测孔

实验采用自行加工的布袋除尘器。该除尘器共有 5 条滤带，总过滤面积为 1.3m^2。实验滤料可选用208工业涤纶绒布。本除尘器采用机械振打清灰方式。

除尘系统入口的喇叭形均流管3处的静压测孔4用于测定除尘器入口气体流量，亦可用于在实验过程中连续测定和检测除尘系统的气体流量。

通风机入口前设有阀门9，用来调节除尘器处理气体流量和过滤速度。

2. 仪器

干湿球温度计1支；空盒式气压表（DYM3）1个；钢卷尺2个；U形管压差计1个；倾斜微压计（YYT-200型）3台；毕托管2支；烟尘采烟管2支；烟尘测试仪（SYC-1型）2台；秒表2个；分析天平（分度值0.001g）2台；托盘天平（分度值1g）1台；干燥器2个；鼓风干燥箱（DF-206型）1台；超细玻璃纤维无胶滤筒20个。

四、实验方法和步骤

（1）测量记录室内空气的干球温度（即除尘系统中气体的温度）、湿球温度及相对湿度，计算空气中水蒸气体积分数（即除尘器系统中气体的含湿量）。测量记录当地的大气压力。记录布袋除尘器型号规格、滤料种类、总过滤面积。测量记录除尘器进出口测定断面直径和断面面积，确定测定断面分环数和测点数，做好实验准备工作。

（2）将除尘器进出口断面的静压测孔13、14与U形管压差计12连接。

（3）将发尘工具和称重后的滤筒准备好。

（4）将毕托管、倾斜微压计准备好，待测流速、流量用。

（5）清灰。

（6）启动风机和发尘装置，调整好发尘浓度，使实验系统达到稳定。

（7）测量进出口的流速和测量进出口的含尘量，进口采样1min，出口5min。

（8）在采样的同时，每隔一定时间，连续5次记录U形管压差计的读数，取其平均值近似作为除尘器的压力损失。

（9）隔15min后重复上面测量，共测量3次。

（10）停止风机和发尘装置，进行清灰。

（11）改变处理气量，重复步骤（6）～（10）两次。

（12）采样完毕，取出滤筒包好，置于鼓风干燥箱中烘干后称重。计算出除尘器进、出口管道中气体含尘浓度和除尘效率。

（13）实验结束，整理好实验用的仪表、设备。计算、整理实验资料，并填写实验报告。

五、实验数据记录与处理

（1）处理气体流量、漏风率和过滤速度　按表14-1记录和整理数据。按式(14-1)计算除尘器处理气体流量，按式(14-2)计算除尘器漏风率，按式(14-3)计算除尘器过滤速度。

表14-1　除尘器处理风量测定结果记录

测定日期：＿＿＿＿＿＿＿＿　测定人员：＿＿＿＿＿＿＿＿＿＿

除尘器型号规格	除尘器过滤面积 F/m^2	当地大气压力 p/kPa	烟气干球温度/℃	烟气湿球温度/℃	烟气相对湿度 f/%	烟气密度 $\rho_g/(kg/m^3)$

续表

测定次数	微压计倾斜系数 K	毕托管系数 K_p	除尘器进气管					除尘器排气管					除尘器处理气量 Q /(m^3/h)	除尘器过滤速度 v_F /(m/min)	除尘器漏风率 d/%
			微压计读数 Δl_1 /mm	静压 p_{s1} /Pa	管内流速 v_1 /(m/s)	横截面积 F_1/m^2	风量 Q_1 /(m^3/h)	微压计读数 Δl_2 /mm	静压 p_{s2} /Pa	管内流速 v_2 /(m/s)	横截面积 F_2/m^2	风量 Q_2 /(m^3/h)			
1-1															
1-2															
1-3															
2-1															
2-2															
2-3															
3-1															
3-2															
3-3															

(2) 压力损失　按表 14-2 记录整理数据。按式(14-4) 计算压力损失，并取 5 次测定数据的平均值（Δp）作为除尘器压力损失。

(3) 除尘效率　除尘效率测定数据按表 14-3 记录整理。除尘效率按式(14 5) 计算。

(4) 压力损失、除尘效率和过滤速度的关系　整理 3 组不同 v_F 下的 Δp 和 η 资料，绘制 v_F-Δp 和 v_F-η 的实验性能曲线，分析过滤速度对布袋除尘器压力损失和除尘效率的影响。对每一组资料，分析在一次清灰周期中，压力损失、除尘效率和过滤速度随过滤时间的变化情况。

六、实验结果讨论

(1) 用发尘量求得的入口含尘浓度和用等速采样法测得的入口含尘浓度，哪个更准确些？为什么？

(2) 测定布袋除尘器压力损失，为什么要固定其清灰制度？为什么要在除尘器稳定运行状态下连续 5 次读数并取其平均值作为除尘器压力损失？

(3) 试根据实验性能曲线 v_F-Δp 和 v_F-η，分析过滤速度对布袋除尘器压力损失和除尘效率的影响。

(4) 总结在一次清灰周期中，压力损失、除尘效率和过滤速度随过滤时间的变化规律。

表 14-2　除尘器压力损失测定记录

测定次数	每次间隔时间 τ/min	静压差测定结果/Pa					除尘器压力损失 Δp/Pa
		1	2	3	4	5	
1-1							
1-2							
1-3							

续表

测定次数	每次间隔时间 τ/min	静压差测定结果/Pa					除尘器压力损失 Δp/Pa
		1	2	3	4	5	
2-1							
2-2							
2-3							
3-1							
3-2							
3-3							

表 14-3 除尘器效率测定结果记录

测定次数	除尘器入口气体含尘浓度						除尘器出口气体含尘浓度						除尘器全效率/%
	采样流量/(L/min)	采样时间/min	采样体积/L	滤筒初质量/g	滤筒总质量/g	粉尘浓度/(mg/L)	采样流量/(L/min)	采样时间/min	采样体积/L	滤筒初质量/g	滤筒总质量/g	粉尘浓度/(mg/L)	
1-1													
1-2													
1-3													
2-1													
2-2													
2-3													
3-1													
3-2													
3-3													

实验十五　垃圾焚烧炉渣的利用（制砖）

一、实验目的

垃圾焚烧炉渣主要由熔渣、玻璃、陶瓷和砖头、石块等物组成，还含有一定量的塑料、金属物质和未完全燃烧的纸类、纤维、木头等有机物。焚烧炉渣的主要成分是 SiO_2（35%～43%）、CaO（19%～28%），二者在炉渣中占到 60%～65%，其次是 Al_2O_3 和 Fe_2O_3。

本实验通过利用垃圾焚烧炉渣和废玻璃制彩道砖，以求达到以下目的。

(1) 了解炉渣的基本性质。

(2) 掌握利用焚烧炉渣制造彩道砖的方法。

二、实验原理

炉渣主要含有中性成分（如硅酸盐和铝酸盐等，含量占 30%以上），且物理化学和工程性质与轻质的天然骨料（石英砂和黏土等）相似，因而是很好的建筑原材料。在国外，其被广泛应用于制砖等用途。

废玻璃主要来源于家庭生活垃圾及商业垃圾，此外来源于玻璃容器生产厂及拆除建筑物的废料。废玻璃在城市垃圾中占有一定的比例，全国城市垃圾中玻璃平均占 3%～5%，上海市生活垃圾中废玻璃含量为 5.36%。废玻璃如处理不好，会给人们的生活带来很多危害，如刺伤群众和扎破运输车辆的轮胎等，同时也会对环境造成污染。目前，我国废玻璃的循环利用率较低。玻璃的化学成分有 SiO_2、Al_2O_3、Fe_2O_3、CaO、MgO、Na_2O、K_2O 和 B_2O_3 等，主要为 SiO_2，如果不考虑其品质，藏量十分丰富，从废物减量化和节约资源、能源的观点来看，废玻璃的利用有极大的意义。目前废玻璃的再生利用已引起人们的极大关注，废玻璃资源化利用的途径主要有生产玻璃制品、建筑材料和制作玻璃肥料等。将废玻璃用于建筑材料中是一个很好的处理废玻璃的方法，建材行业用废玻璃作为铺设沥青混合路面、混凝土路面的骨料，制造矿棉及轻骨料以及制造建筑面砖等各项研究工作正在进行。

三、实验装置和设备

用垃圾焚烧炉渣和废玻璃制彩道砖的工艺流程如图 15-1 所示。

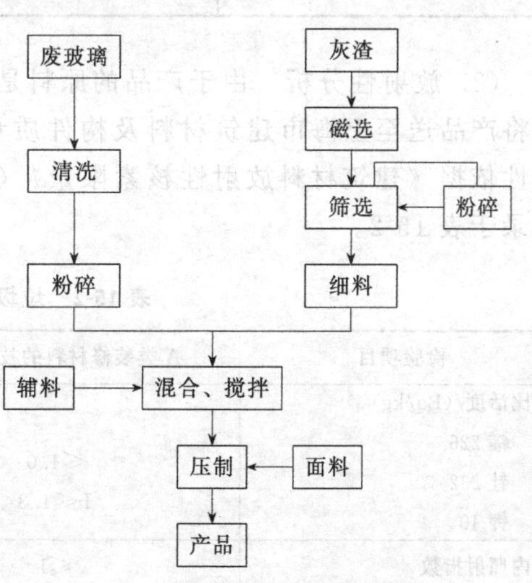

图 15-1　用垃圾焚烧炉渣和废玻璃制彩道砖的工艺流程

利用废玻璃和灰渣制造彩道砖的成套设备主要包括 RCDC-6 风冷自卸式电磁除铁器、

XBSF80×133 悬臂筛网振动筛、HQY-200 型液压制砖机、HQY-100 型液压制砖机、QM-80 球磨机、PCX-83 锤式破碎机和 JQ200-EA 搅拌机。

四、实验方法和步骤

（1）废玻璃先分拣、清洗以去除杂质，粉碎至适当粒径大小。

（2）炉渣依次进行磁选、筛分和粉碎至适当粒径，然后将两者和硅酸盐水泥及固化剂等各种辅料按一定配比进行混合、搅拌均匀成为主料。

（3）面料采用无机颜料与白色水泥及石英砂经研磨而成。

（4）将主料与一定比例面料混合后放入模具，加入的量与模具水平面等高。

（5）经液压机加压 10～11MPa，成型，然后经过液压泵工作，出模，得到成品。

（6）按照国家相应标准，对彩道砖成品进行强度、放射性和浸出毒性分析。

五、实验数据记录与处理

（1）彩道砖的强度　用垃圾焚烧炉渣和废玻璃制造出来的彩道砖以《非烧结普通黏土砖》相关标准进行质量检测，结果记录于表 15-1。

表 15-1　彩道砖的强度测定

不同配比		抗压强度/MPa		抗折强度/MPa	
		5 块平均值	单块最小值	5 块平均值	单块最小值
纯废玻璃砖					
纯灰渣砖					
废玻璃加灰渣砖					
非烧结普通黏土砖	15 级	≥15.0	≥10.0	≥2.5	≥1.5
	10 级	≥10.0	≥6.0	≥2.0	≥1.2
	7.5 级	≥7.7	≥4.5	≥1.5	≥0.9

（2）放射性分析　由于产品的原料是生活垃圾焚烧炉渣，环境安全性尤其敏感，因此将产品送至上海市建筑材料及构件质量监督检验站进行放射性和有害物质检测，放射性依据《建筑材料放射性核素限量》（GB 6566—2010）进行全项目检验，检验结果记录于表 15-2。

表 15-2　垃圾焚烧炉渣放射性测定

检验项目	A 类装修材料的技术指标	结果	单项判定
比活度/(Bq/kg) 镭 226 钍 232 钾 40	≤1.0 Ir≤1.3		
内照射指数	≤1		
外照射指数	≤1.3		

(3) 浸出毒性　按照本书实验二十八对炉渣砖样品进行浸出毒性测试，结果记录于表 15-3。

表 15-3　炉渣砖的浸出毒性测定

项目	危险废物浸出毒性鉴别标准(GB 5085.3—1996)/(mg/L)	检测结果/(mg/L)
铅	3	
镉	0.3	
锌	50	
镍	10	
铬	10	
铜	50	

六、讨论

试论述利用垃圾焚烧炉渣和废玻璃制造彩道砖的意义，并根据实验结果提出改进建议。

实验十六　污泥的热解

一、实验目的

污泥热解过程中，有机成分在高温条件下进行分解破坏，实现快速、显著减容。与生化法相比，热解法处理周期短、占地面积小、可实现最大程度的减容、延长填埋场使用寿命，与普通焚烧法相比，热解过程产生的二次污染少。热解生成的气态或液体燃料在空气中燃烧与固体废物直接燃烧相比，不仅燃烧效率高，所引起的大气污染也低。

通过本实验，可以达到以下目的。

(1) 了解热解的概念。

(2) 熟悉污泥热解过程的控制参数。

二、实验原理

热解是有机物在无氧或缺氧状态下加热，使之分解为气、液、固三种形态的混合物的化学分解过程。其中，气体是以氢气、一氧化碳、甲烷等低分子碳氢化合物为主的可燃性气体；液体是在常温下为液态的包括乙酸、丙酮、甲醇等化合物在内的燃料油；固体为纯碳与玻璃、金属、砂土等混合形成的炭黑。

$$\text{有机物}+\text{热}\xrightarrow{\text{无氧或缺氧}}g\text{G(气体)}+l\text{L(液体)}+s\text{S(固体)}$$

式中　g——气态产物的化学计量；

G——气态产物的分子式；

l——液态产物的化学计量；

L——液态产物的分子式；

s——固态产物的化学计量；

S——固态产物的分子式。

三、实验装置与设备

1. 实验装置

热解实验装置如图 16-1 所示。主要由控制柜、热解炉和气体净化收集系统三部分组成。

热解炉可选取卧式或立式电炉，要求炉管能耐受 800℃高温，炉膛密闭。

气体净化收集系统要求密闭性好，有一定气体腐蚀耐受能力。由旋风分离器、冷凝器、过滤器、煤气表等几部分构成。

2. 实验材料与仪器仪表

(1) 实验材料　可以选取城市污水处理厂的生物污泥。

(2) 仪器仪表　烘箱 1 台；漏斗、漏斗架若干；量筒（1000mL）1 支；定时钟 1 只；破碎机 1 台；电子天平 1 台。

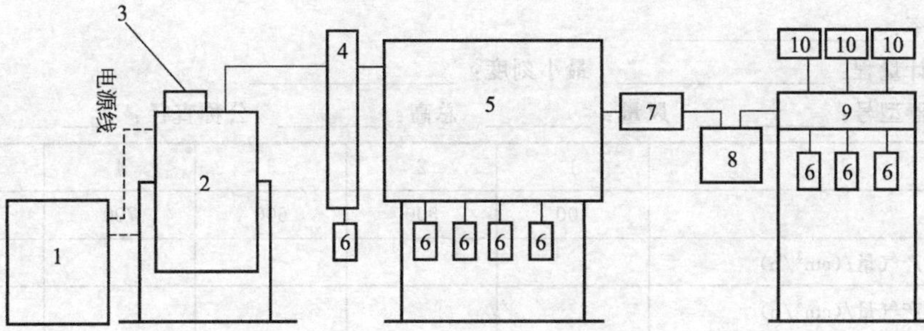

图 16-1　热解实验装置

1—控制柜；2—固定床热解炉；3—投料口；4—旋风分离器；5—冷凝器；6—焦油收集瓶；7—过滤器；8—煤气表；9—取样装置；10—气体收集瓶

四、实验步骤

(1) 称取 1000g 污泥，对物料采用破碎机或者其他破碎方法破碎至粒度小于 10mm。

(2) 从顶部投料口将炉料装入热解炉。

(3) 接通电源，升高炉温，升温速度为 25℃/min，将炉温升到 400℃，恒温 8h。

(4) 气体温度升高到 400℃，开始恒温，并每隔 15min 记录产气流量数据，总共记录 8h。

(5) 可能条件下收集气体进行气相色谱分析。

(6) 测定收集焦油的质量。

(7) 测定热解后固体残渣的质量。

(8) 温度分别升高到 500℃、600℃、700℃、800℃，重复实验步骤 (1)～(7)。

五、注意事项

(1) 不同原料产气率会有很大差别，应根据实际情况适当调整记录气体流量的时间间隔。

(2) 气体必须安全收集，避免煤气中毒。

六、实验结果

(1) 记录实验设备基本参数，包括热解炉功率，旋风分离器的型号、风量、总高、公称直径等，气体流量计的量程、最小刻度。

(2) 记录反应床初始温度、升温时间。

(3) 参考表 16-1 记录实验数据。

(4) 为分析产气量同时间的关系，根据实验数据作图，纵坐标为产气量，横坐标为热解时间。

七、实验结果与讨论

(1) 分析不同终温对产气率的影响。

(2) 如能测定气体成分，分析不同终温对产生气体成分的影响。

表 16-1 不同终温下产气量记录

热解炉功率：____________

气体流量计量程：____________ 最小刻度：____________

旋风分离器型号：________ 风量：________ 总高：________ 公称直径：________

实验序号	1	2	3	4	5
终止温度/℃	400	500	600	700	800
恒温后 15min 产气量/(cm^3/h)					
恒温后 30min 产气量/(cm^3/h)					
⋮					
恒温后 8h 产气量/(cm^3/h)					

实验十七　污泥厌氧发酵产氢

一、实验目的

城市污泥是一种富含有机物的可再生物质，采用厌氧发酵产氢不仅可以处理大量污泥，同时还能回收清洁能源——氢气。在厌氧消化过程中，污泥在厌氧微生物的作用下，经过水解、酸化等过程后，污泥中的有机物从固相转移到液相，同时产生氢气这一副产物。污泥厌氧发酵产氢是利用微生物在一定条件下进行酶催化反应，并伴有氢气产生的原理进行的。根据微生物生长所需能源来看，污泥生物制氢可分为以下三类：光合生物产氢、产氢产酸发酵细菌产氢和光合生物与发酵细菌的混合培养产氢。

本实验主要介绍污泥在产氢产酸发酵细菌的作用下厌氧发酵产氢。通过本实验，希望达到以下目的。

(1) 掌握污泥厌氧发酵产氢的基本原理和过程。

(2) 了解厌氧发酵产氢过程的影响因素和控制措施。

二、实验原理

1. 污泥厌氧发酵产氢的机理

污泥厌氧发酵产氢的实质是，产氢产酸发酵细菌在对有机物质的发酵过程中，将有机物质分解为有机酸（乙酸、丁酸等）和乙醇等产物，同时释放出发酵气体 H_2 和 CO_2。由于污泥不能提供足够的有机酸给产氢产酸发酵细菌，因此在发酵的初期为水解酸化阶段。此后的阶段，菌群将有机酸转化为氢气，以及自身新陈代谢所需能量和其他产物。

许多专性厌氧和兼性厌氧菌能在厌氧条件下降解有机物产生氢气，主要物质包括甲酸、丙酮酸、各种脂肪酸、糖类等物质。这些有机物发酵产生氢气的形式主要有两种：一是丙酮酸脱氢形式，在丙酮酸脱羧脱氢生成乙酰的过程中，脱下的氢经铁氧还原蛋白的传递作用而释放出氢分子；二是 $NADH/NAD^+$ 平衡调节产氢。还有产氢产乙酸菌的产氢作用以及 NADPH 作用产氢。

丙酮酸脱羧产氢的机理是，由于菌群中的发酵细菌体内缺乏完整的呼吸链电子传递体系，发酵过程中通过脱氢作用产生的电子，必须有适当的途径使物质的氧化与还原过程保持平衡，从而保证代谢过程的顺利进行。通过发酵途径直接产氢，是某些微生物为解决氧化还原过程中产生的电子所采取的一种调节机制。能够产生分子氢的微生物含有氢化酶，同时需要铁氧还原蛋白的参与。产氢产酸发酵细菌一般含有 8Fe 铁氧还原蛋白，这种蛋白首先在巴氏梭状芽孢杆菌中发现。

产氢产酸发酵细菌的直接产氢过程均发生于丙酮酸脱羧过程中，根据其机制可分为梭状芽孢杆菌型和肠道杆菌型。在梭状芽孢杆菌型情况下，丙酮酸首先在丙酮酸脱氢酶作用下脱羧，形成硫胺焦磷酸-酶复合物，同时将电子转移给铁氧还原蛋白，还原的铁氧还原蛋白被铁氧还原蛋白酶重新氧化，产生氢气。在肠道杆菌型情况下，丙酮酸脱羧后形成甲酸，然后甲酸的一部分或全部转化为 H_2 和 CO_2。

$NADH+H^+$的氧化还原平衡调节产氢的机理是，碳水化合物经EMP途径产生的还原型辅酶Ⅰ($NADH+H^+$)，一般可以通过与一定比例的丙酸、丁酸、乙酸或是乳酸发酵相耦联从而得到氧化型辅酶Ⅰ(NAD^+)，保证了代谢过程中$NADH+H^+/NAD^+$的平衡，这也是之所以产生各种发酵类型的重要原因之一。生物体内的NAD^+与$NADH+H^+$的比例是一定的，当$NADH+H^+$的氧化过程相对于其形成过程较慢时，将会造成$NADH+H^+$的积累。为了保证生理代谢过程的正常进行，发酵细菌可以通过释放H_2的方式将过量的$NADH+H^+$氧化：

$$NADH+H^+ \longrightarrow NAD^+ + H_2$$

2. 污泥厌氧发酵产氢的类型

根据菌群利用有机酸的能力不同，可将污泥厌氧发酵产氢类型分为丁酸型发酵产氢、丙酸型发酵产氢和乙醇型发酵产氢三种途径。

（1）丁酸型发酵产氢　当发酵过程中，末端发酵产物内有机酸含量以丁酸为主时，可认为此时的产氢发酵过程为丁酸型发酵产氢。丁酸型发酵主要是在梭状芽孢杆菌属的作用下进行的。从丁酸型发酵的末端产物平衡分析，丁酸与乙酸物质的量比约为2∶1。

（2）丙酸型发酵产氢　丙酸型发酵的特点是气体产量很少，甚至无气体产生，主要发酵末端产物为丙酸和乙酸。资料表明，含氮有机化合物（如酵母膏、明胶、肉膏等）的酸性发酵往往易发生丙酸型发酵，此外难降解碳水化合物（如纤维素等）的厌氧发酵过程亦常呈现丙酸型发酵，与产丁酸途径相比，产丙酸途径有利于$NADH+H^+$的氧化，且还原力较强。

（3）乙醇型发酵产氢　当发酵过程中，末端发酵产物以乙醇、乙酸、H_2、CO_2为主，而丁酸含量相对较少时，可认为此时的产氢发酵过程为乙醇型发酵产氢，这一发酵产氢途径通过图17-1所示的步骤生成乙醇。从发酵过程和产氢总量来看，乙醇型发酵产氢是一种比较优良的产氢途径。由于乙醇和乙酸在菌群细胞内相互转换，因此也可称乙醇型发酵产氢为“双碳发酵产氢”。目前，通过纯菌种分离，以及对代谢产物的分析，已经证实了这一说法的科学性。

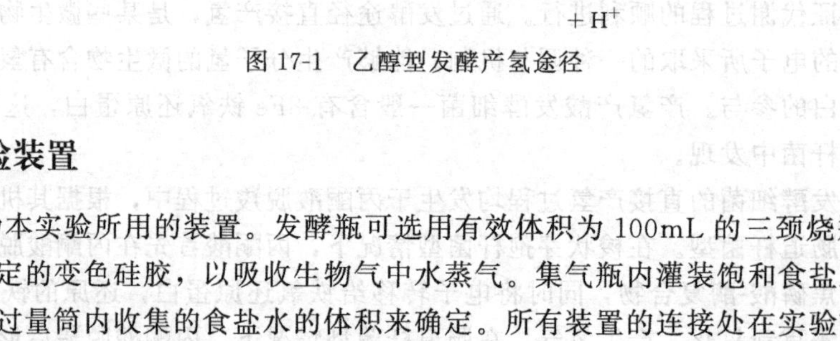

图17-1　乙醇型发酵产氢途径

三、实验装置

图17-2为本实验所用的装置。发酵瓶可选用有效体积为100mL的三颈烧瓶，气体缓冲瓶内可填充一定的变色硅胶，以吸收生物气中水蒸气。集气瓶内灌装饱和食盐水，产生的气体的体积可通过量筒内收集的食盐水的体积来确定。所有装置的连接处在实验前要通过涂抹肥皂泡沫检查气密性。

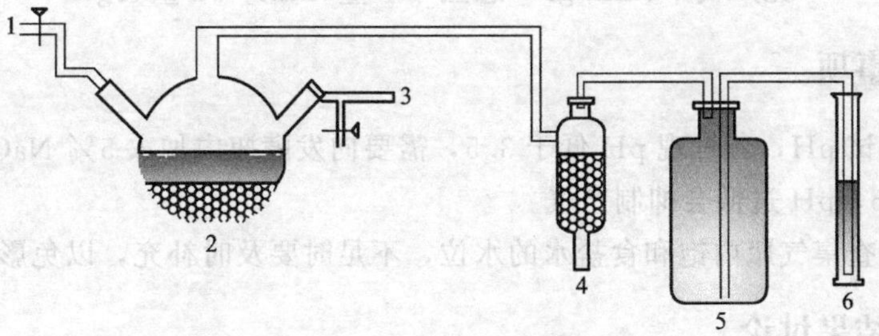

图 17-2　厌氧发酵产氢实验装置

1—pH 调节口；2—发酵瓶；3—取样口；4—气体缓冲瓶；5—集气瓶；6—量筒

四、实验步骤

本实验主要测试在中温（35℃）条件时，城市污泥的产氢潜力。

(1) 将城市污泥取回，加适量自来水浸泡后过 1.25mm 筛网，然后取一定量污泥于烧杯中，置于水浴锅内，在 90℃条件下加热 30min，以去除耗氢微生物，同时收获孢子，加热后的污泥为实验所需污泥。

(2) 取去除耗氢微生物后的污泥少量，进行发酵实验前的基本理化分析，测试项目为 TS（总固体含量）、VS（挥发性固体含量）。

(3) 总固体含量（TS,%）测试方法是：取污泥适量称重，置于 65℃烘箱中烘 24h 至恒重，取出放冷后称重。

$$TS=(干物料重/湿物料重)\times 100\%$$

挥发性固体含量（VS,%）测试方法是：取适量污泥称重后，置于 65℃烘箱中 24h，烘干称重后放置在 600℃马弗炉中灼烧 2h，冷却至室温后称重。

$$灰分=(冷却后残余重量/干物料重)\times 100\%$$

$$VS=(1-灰分)\times 100\%$$

(4) 由于污泥养分含量较少，为保证实验质量，在发酵实验开始前，可加入一定量的营养物质进行驯化培养，驯化培养时间可控制在 2d。加入的营养物质可选择乙酸或葡萄糖。

(5) 实验开始时，将含 5g VS 的污泥，加入 200mL 的发酵瓶内，然后向瓶中充高纯氮气 20s 以驱除瓶中的氧气，并用橡胶塞密封。为了保证实验数据的可靠性，可进行 3 个平行重复实验。最后将其置于 35℃的水浴锅或者恒温摇床上匀速振荡，避光培养。定时分析瓶中上层气相的氢气含量和产气体积，以及二氧化碳及甲烷的浓度，记录于表 17-1 中。根据微生物生长的规律，在开始的 24h 内，产气量会出现高峰，因此这一时间段内，每隔一定时间需要补充集气瓶内饱和食盐水，以保证实验的正常进行。

表 17-1　污泥厌氧发酵产氢实验记录

序号	每日产气量/mL	氢气含量/%	甲烷含量/%	CO_2 含量/%	pH
1					
2					
3					

(6) 比产气率的计算。

比产气率(mL/g)＝总氢气产量(mL)/VS 量(5g)

五、注意事项

(1) 每日测试 pH，若发现 pH 低于 3.5，需要向发酵瓶内加入 5% NaOH 溶液，将 pH 调节至 4.0～5.5，pH 过低会抑制产气。

(2) 定时检查集气瓶内饱和食盐水的水位，不足时要及时补充，以免影响产气量数据。

六、实验结果讨论

(1) pH 对污泥的厌氧发酵产氢有什么影响?

(2) 污泥厌氧发酵产氢过程为什么会有甲烷产生?

实验十八　污泥的脱水

一、实验目的

污水处理过程中，会产生大量的污泥，其数量占处理水量的0.3%～0.5%（以含水率为97%计）。污泥脱水是污泥减量化中最为经济的一种方法，是污泥处理工艺中的一个重要环节，其目的是去除污泥中的间隙水和毛细水，降低了污泥的含水率，为污泥的最终处置创造条件。

本实验通过对活性污泥进行脱水，主要达到以下目的。

(1) 了解影响污泥脱水的主要因素。

(2) 掌握污泥脱水的基本方法和相关操作。

二、实验原理

1. 污泥脱水性能的评价指标

过滤比阻值和毛细吸水时间（CST）是被广泛用于衡量污泥脱水性能的两项指标。然而，这两项指标考虑的只是污泥的过滤性（有些污泥的过滤性虽很好，但却仍有大量的水残留在污泥中），因此，污泥脱水效果由其脱水速率和最终可脱水程度两方面决定，因此还需考察脱水后泥饼的含固率这项指标。为了直接反映污泥的离心性，可以用离心后上清液的体积、离心后上清液的浊度这两个指标来衡量污泥的脱水性能，但这两个指标目前还没有标准的测试方法。

2. 影响污泥脱水性能的因素

影响污泥脱水性能的因素很多，包括污泥水分的存在方式和污泥的絮体结构（粒径、密度和分形尺寸等）、ζ电势能、pH以及污泥来源等。

(1) 污泥颗粒因富含水分，拥有巨大比表面积和高度亲水性。结合水与固体颗粒之间存在着键结，活性较低，需借助机械力或化学反应才能除去。

(2) 污泥粒径是衡量污泥脱水效果最重要的因素。一般来讲，细小污泥颗粒所占比例越大，脱水性能就越差。污泥密度是描述污泥质量与体积关系的参数。污泥密度有两种表达方式：一种为颗粒密度，用于描述单个颗粒的质量与体积之比；另一种为容积密度（容重），用以描述污泥颗粒群体的质量与体积之比。其中，容积密度是指单位体积污泥的质量，由于压实和有机物的降解作用，沉积时间越长的污泥，致密度越高、容积密度越大。分形尺寸是絮体结构量化的表示，用以描述颗粒在团块中的集结方式，与粒径成正比关系。分形尺寸越大（最大值为3），絮体集结得越紧密，也就越容易脱水。

(3) 污泥的ζ电势越高，对脱水越不利。

(4) 酸性条件下，污泥的表面性质会发生变化，其脱水性能也随之发生变化。研究发现，pH越低，则离心脱水的效率越高。对于过滤脱水，当pH为2.5时，能得到含固率最高的泥饼。

(5) 不同来源的污泥，组成成分不同，脱水性能也不同。例如，初沉污泥主要由有机碎屑和无机颗粒物组成，剩余污泥则是由多种微生物形成的菌胶团、与其吸附的有机物和无机物等组成的集合体；活性污泥是由有机颗粒包括平均粒径小于 0.1μm 的胶体颗粒、0.1～100μm 之间的超胶体颗粒及由胶体颗粒聚集的大颗粒等所组成的，所以比阻值最大，脱水也困难。

三、实验设备与材料

污泥取自污水处理厂的浓缩污泥调蓄罐。实验前测定污泥试样的 pH 以及含水率。

酸处理药剂选用硫酸，配制成 10%（质量分数）的溶液待用；调 pH 所用的碱是氢氧化钠、氢氧化钙、氧化钙，氢氧化钠配制成 30%（质量分数）的溶液，氢氧化钙、氧化钙配制成 10%（质量分数）的溶液待用。有机絮凝剂为一种阳离子 PAM，离子度 40%，相对分子质量 800 万～900 万。

实验仪器：过滤脱水装置为板框压滤模型机，离心脱水装置可选择低速离心机；酸度计。

四、实验步骤

(1) 板框压滤脱水实验　取浓缩污泥 3000mL 于烧杯中，加定量的硫酸酸化，快速搅拌 30s，慢速搅拌 2min，酸化时间 5min；为了防止对设备的腐蚀，再加碱（实验中可选用氢氧化钠、氢氧化钙或氧化钙）调 pH 至 6；再加阳离子 PAM 使污泥形成矾花，酸化及絮凝反应均在烧杯中进行。将污泥倒入模型机的污泥储蓄罐中，手动搅拌，开始污泥进料，进料压力 7×10^5Pa，空气使污泥进入板框；进料完毕后开始薄膜压榨（压力 7×10^5Pa），压榨时间 30min。手动卸压，开启板框，取出泥饼，测定含水率。

就板框压滤脱水过程而言，短压榨时间得到的泥饼含水率高低表征了污泥脱水速率的慢与快，短压榨时间得到的污泥泥饼含水率越低，说明过滤速率越快；长压榨时间（以观察不到有滤出水流出为准）得到的泥饼含水率表征了污泥的可脱水程度，当再没有滤出水流出时，可以认为机械脱水达到了极限，此时泥饼含水率越低说明污泥可脱水程度越高。

(2) 离心脱水实验　将 100mL 浓缩污泥加到 250mL 烧杯中，预处理操作与板框压滤脱水实验中所述一致，经过预处理的污泥在 1500r/min 下离心 2min（离心速率和离心时间可根据实际情况做适当调整），倾倒上清液，取泥饼 5～10g 测定其含固率。

对于离心脱水实验，使用低转速 1800r/min、短时间 2min 离心后的泥饼用来评价离心脱水速率，用高转速 3800r/min 下长时间 30min 离心后泥饼含固率评价可脱水程度，结果记录在表 18-1 中。

五、实验结果

(1) 板框压滤脱水实验确定脱水速率。分别对活性污泥进行处理，一组只加阳离子 PAM，另一组经硫酸酸化后加 PAM，压榨时间 10min，比较泥饼的含水量以确定脱水速率。

(2) 酸处理对污泥离心脱水性能的影响。

表 18-1　不同加药方案脱水效果

加药方案	离心泥饼含水量/%	
	3800r/min,30min	1500r/min,2min
空白(浓缩污泥)		
只加阳离子 PAM 0.5%		
硫酸 8.5%,碱调 pH 至 6,阳离子 PAM 0.4%		

六、实验结果讨论

(1) 使用不同的碱进行 pH 调节对结果是否有影响?

(2) 离心机的使用有哪些注意事项?

实验十九　污泥的干燥

一、实验目的

热干化使污泥减容，且干化后污泥的臭味、病原物、黏度、不稳定等负面特性得到显著改善而具有多种用途，例如，与生活垃圾协同焚烧，用作肥料、土壤改良剂、替代能源，或是转变成油、气后再进一步提炼化工产品等。热干化成为污泥处理处置重要的一步。

通过活性污泥的干燥实验，主要达到以下目的。

(1) 了解影响污泥干燥的主要因素。

(2) 掌握污泥干燥的基本原理和相关操作。

二、实验原理

干燥在化工工业中，经常描述为湿固体去除湿分的过程，是一种最常见的成熟的单元操作。为了便于贮存和运输或是为了满足生产工艺对原料中含水率的要求，通常需要对物料进行干燥。对污泥进行干燥处理也同样能稳定污泥的性质，减容减荷，浓缩热值，方便进一步处理。污泥是一种成分复杂的特殊物料，并不是性质明确的物质或是几种物质的混合。

1. 干燥机理

(1) 水分与干固体的结合关系　水分与固体的结合关系是判断干燥难易以及决定干燥速度的关键。了解污泥中水分与干固体的结合方式是研究干燥过程的基础。结合水，就是水附着在干物料上的状态。目前结合水分类的标准多种多样，其中一种评价湿分与物料结合形式的方法就是测定结合能的数值，根据结合能的性质和数量级，将结合水分成五类：化学结合水、吸附结合水、毛细管结合水、渗透结合水、自由水分。这是一种根据结合能以自由水分的饱和蒸汽压与温度的关系为基础计算其他水分结合的自由能和释放热的计算方法，具有一定的客观分析依据。

(2) 干燥过程中污泥的物性变化和结构变化　随着干燥的进行，水分的流失，污泥本身的结构必然会存在一定的变化，包括硬度、黏度、热导、热容、热值、颗粒状态等物理性质以及一些化学性质的变化，在半固化黏性颗粒状态的污泥存在一个塑性界限，是干燥过程中水分最难去除的一个状态。

对于多孔固体干燥分为四个阶段：第一阶段，水分在孔内充满，逐渐空气穴代替了失去的水分；第二阶段，水分退到孔的腰部，水分可以沿着毛细管壁渗水，这一过程描述为液体参与的气相传递。进一步干燥时，液体全部蒸发，仅留下吸附水分，气相无阻碍地扩散运动；最后就是解吸吸附的一种。

(3) 干燥过程质热传递　干燥就是一个去除湿分的过程。存在热量的传递交换和水分的蒸发。为了便于分析与理解，通常把湿物料的干燥划分成两个过程：质交换和热交换。由此我们来分别考察在两个传递当中的外界的影响和内部的变化。通过控制调整这些因素条件，使得外部与内部质热传递相适应，达到最佳的干燥强度，选择合适的工况。

外部质热传递主要是热量的传递和水分的吸收。针对污泥这种特殊物料的干燥，通常选用直接干燥或间接干燥。内部质热传递过程就是湿物料的干燥过程。普通化工工业中干燥通常分成三个阶段：物料预热期、恒速干燥阶段、降速干燥阶段。

2. 污泥干化设备工艺类型及工作原理

早期的直接热干燥系统是将外部热介质（热空气、燃气或蒸汽等）加热后通入干燥器与污泥直接接触，蒸发污泥中的水分并运送污泥。热介质离开干燥器后与干污泥颗粒分离，经除尘、热氧化除臭后排放。由于系统所需热风量很大，故尾气处理成本较高。目前该工艺采用了气体循环回用的设计，使尾气处理成本高这一缺陷得到明显改善。

热传导干燥系统不存在大量工艺载气的循环，系统仅抽取相当于蒸发量的部分进行冷凝，通常采用抽取微负压方式，也有部分工艺采用少量载气的方式，因此尾气处理的负担较轻，且载气热损失也较低。目前欧美等国家常用的干化系统主要以直接干燥转鼓式干化工艺、多层台阶式干化工艺、转盘式干化工艺、流化床干化工艺等为主。国内外常用的热传导干燥器主要有多层台阶式干燥器、转盘式干燥器等。几种常用干化工艺的主要参数见表 19-1。

表 19-1　常用干燥器的工艺参数

干燥器形式	干燥方式	干燥产品	是否需要返料	系统安全性		能耗	
				粉尘含量	安全性	热量/(kJ/kg)	电量/(kW·h/m³)
转鼓式	热对流	全干化	需要/不需要	较高	填充度高，运行温度高，含氧高	3200～3500	50～90
转盘式	热传导	半干化/全干化	需要/不需要	低	污泥温度低，氧气含量低	2750	45～55
多层台阶式	热传导	全干化	需要	低	接触传热面温度高	3260	45～60
流化床	热对流、热传导	全干化	需要/不需要	很高	污泥易粘于设备内壁，设备中干燥污泥量大	2750	100～200

三、实验设备与材料

污泥可取自生活污水处理厂，典型生活污水污泥成分分析见表 19-2。

表 19-2　典型生活污水污泥成分分析

基态	工业分析				Q	元素分析				
	M/%	A/%	V/%	Fc/%	/(kJ/kg)	C/%	H/%	N/%	Sr/%	O/%
空干基	4.1	21.02	65.61	9.27	19681	47.34	5.2	4.67	1.43	16.24
湿基	84.44	3.41	10.65	1.5	1053	7.68	0.84	0.76	0.23	2.64

注：M 为水分；A 为灰分；V 为挥发分；Fc 为固定碳。

实验仪器：管式炉污泥干燥器（图 19-1）；示差扫描量热仪。

四、实验步骤

1. 管式炉干燥实验

将 25mm 的污泥置于管式炉内，将温度分别控制在恒温 100℃、200℃、300℃、400℃，用电子天平连续记录污泥在干燥过程中的失重过程，用热电偶插入污泥球的中心测量污泥球内部的温度变化。下端的热电偶测量管式炉内部温度。若无自动记录温度和质量的计算机系统，可按表 19-3 间隔取样。连续 3 组质量不变，可认为达到干燥终点。具体的测定点数可根据实际的情况增加或减少。

表 19-3　不同温度下污泥质量随时间的变化实验记录

时间/min	质量				时间/min	质量			
	150℃	200℃	300℃	400℃		150℃	200℃	300℃	400℃
5					80				
10					90				
15					100				
20					110				
25					120				
30					140				
40					160				
50					180				
60					⋮				
70									

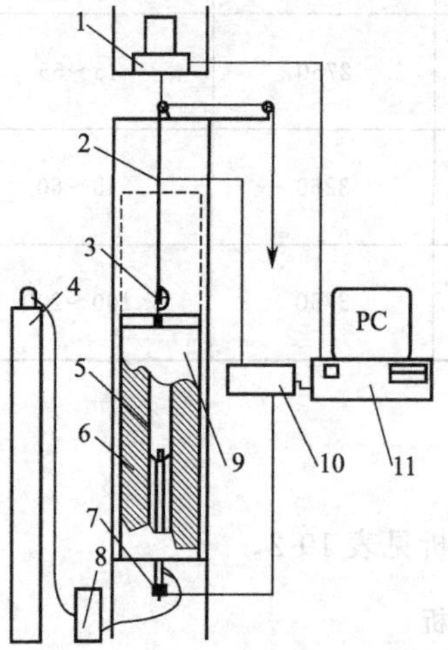

图 19-1　管式炉污泥干燥装置示意图

1—电子天平；2—热电偶一；3—坩埚；4—氮气瓶；5—石英管；6—保温材料；7—热电偶二；8—流量计；9—管式电阻炉；10—惠普仪；11—计算机

2. 结合水含量测试方法

(1) 示差扫描量热法（DSC）的理论依据为把 −20℃仍不能冷冻的水定义为结合水，能够冷冻的水认为是自由水。水在冷冻过程中能放出热量，在融化过程中会吸收热量，而示差扫描量热仪能够记录在冷冻或加热过程中通过绝热层进入样品和参考物质的热流的差值，从而通过积分计算出样品的焓变化，由于样品的焓变化与自由水的数量成正比（比例系数可以由已知质量的去离子水的热流差分曲线得到），所以最后样品结合水含量等于样品总水量减去测得的自由水量。

(2) 取 400mL 污泥试样，加入药剂，手动搅拌，然后从中取 20mL 在 1800r/min 运行的离心机中离心 2min，离心后将剩余泥饼搅拌均匀待用。取其中搅拌均匀的泥饼 5～10g 放入 105℃烘箱烘 12h 以上，以确保水分完全蒸发，冷却后称重（电子天平），得到污泥泥饼的含固率，由此计算出泥饼中的总水量 W_t(g) 和干泥量 TS(g)。示差扫描量热仪测定样品的放热和吸热过程中的焓变化 ΔH(J)。一个空的敞开的盘子被用作参照，样品量在 10mg 左右，用电子天平称重。样品从 20℃的温度以 −2℃/min

的速度下降到-25℃，然后以相同的速度升温到20℃。通过对差热曲线的放热或者吸热峰积分得到样品的焓变化（ΔH），用已知质量（W_0）的去离子水进行校准，得到样品中自由水含量W_f(g)的计算公式为：

$$W_f=(W_0/\Delta H_0)\Delta H$$

式中，W_0是校正过程中去离子水质量，g；ΔH_0是已知质量去离子水的焓变，J。

最后，污泥结合水含量W_b(g)的计算公式为：

$$W_b=(W_t-W_f)/TS$$

五、实验结果

（1）根据不同温度下污泥质量随时间的变化数据描绘曲线，并比较干燥温度对干燥的影响。

（2）观察不同温度下污泥干燥后的形态特征，并比较异同。

（3）取同样的污泥分别进行干燥管实验和DSC结合水测定实验，比较干燥至恒重的失水量和DSC测定的结合水含量有何差异。

六、思考题

（1）温度的高低对干燥的结果有什么影响？污泥的哪些参数不随干燥温度改变？

（2）水分检测有什么注意事项？

实验二十　危险废物重金属浸出毒性鉴别实验

一、实验目的

危险废物是指具有腐蚀性、急性毒性、浸出毒性、反应性、传染性、放射性等一种或一种以上危害特性的废物。浸出毒性是指固体废物遇水浸沥，浸出的有害物质迁移转化，污染环境的程度。在特定条件下浸出的有害物质浓度称为浸出毒性。生产、生活过程所产生的固态危险废物的浸出毒性鉴别方法，是通过实验室条件下根据国家标准配制的浸提剂在特定条件下对危险废物进行浸取，并分析浸出液的毒性来测定危险废物浸出毒性。

通过本实验，希望达到以下目的。

(1) 加深对危险废物浸出毒性基本概念的理解。

(2) 了解测定危险废物浸出毒性的方法。

二、实验原理

含有有害物质的固体废物在堆放或处置过程中，遇水浸沥，使其中的有害物质迁移转化，污染环境。浸出实验是对这一自然过程的野外或实验室模拟。当浸出的有害物质的量值超过相关法规所提出的阈值时，则该废物具有浸出毒性。固体废物的浸出毒性鉴别是危险废物的判定依据，也是固体废物管理、处置技术开发的重要技术环节。

浸出是可溶性的组分通过溶解或扩散的方式从固体废物中进入浸出液的过程。当填埋或堆放的废物和液体（包括渗透的雨水、地表水、地下水和废物材料中所含的水分）接触时，固相中的组分就会溶解到液相中形成浸出液。组分溶解的程度取决于液固相接触的点位、废物的特性和接触时间。浸出液的组成和它对水质的潜在影响，是确定该种废物是否为危险废物的重要依据，也是评价这种废物所适用的处置技术的关键因素。废物的浸出受到各种物理的、化学的和生物的因素影响，这些因素与处置环境和废物的特性有关。

本实验以硝酸-硫酸混合液为浸提剂，模拟危险废物（生活垃圾焚烧飞灰）在不规范填埋处置、堆存时，其中的有害组分在酸性降水的影响下，从废物中浸出而进入环境的过程。

三、仪器与试剂

振荡设备［转速为 (30 ± 2)r/min 的翻转式振荡装置］；提取瓶［2L 具旋盖和内盖的广口瓶，做无机物分析时，可使用玻璃瓶或聚乙烯（PE）瓶］；电子天平（精度 0.01g）；烘箱；电感耦合等离子体原子发射光谱仪；真空过滤器（容积≥1L）；滤膜（0.45μm 微孔滤膜）；pH 计（在 25℃时，精度为±0.05pH）；烧杯或锥形瓶（玻璃，500mL）；去离子水；浓硫酸（优级纯）；浓硝酸（优级纯）；1%硝酸溶液；浸提剂［将质量比为 2∶1 的浓硫酸和浓硝酸混合液加入试剂水（1L 水约 2 滴混合液）中，使 pH 为 3.20±0.05］。

四、实验步骤

(1) 取适量待测飞灰样品（大于 200g）置于具盖容器中，于 105℃下烘干，恒重至两次称量值的误差小于±1%。

(2) 称取150～200g烘干飞灰样品，置于2L提取瓶中，按液固比为10∶1(L/kg)计算出所需浸提剂的体积，加入浸提剂，盖紧瓶盖后固定在翻转式振荡装置上，调节转速为(30±2)r/min，于(23±2)℃下振荡(18±2)h。在振荡过程中有气体产生时，应定时在通风橱中打开提取瓶，释放过度的压力。

(3) 在真空过滤器上装好滤膜，用1%稀硝酸淋洗过滤器和滤膜，弃掉淋洗液，过滤并收集浸出液，于4℃下保存。

(4) 用电感耦合等离子体原子发射光谱仪测定浸出液中的Pb、Zn、Cd、Cr、Cu和Ni浓度。

(5) 每一固体样品按照步骤(2)～(4)平行测定三次，结果取平均值。

(6) 取相同提取瓶，不加固体样品，按照步骤(2)～(5)同时操作，做空白实验。

五、数据记录

实验数据可参考表20-1记录。表格中任何其中一个元素的数值超过浸出毒性鉴别标准限值时，该废物即为危险废物。

表20-1　浸出毒性测定结果

实验序列		重金属浓度/(mg/L)					
		Pb	Zn	Cd	Cr	Cu	Ni
空白组	1						
	2						
	3						
	平均值						
样品组	1						
	2						
	3						
	平均值						

六、实验结果与讨论

(1) 评述本实验方法和实验结果。

(2) 以双因素实验设计法拟定一个测定不同浸取时间的实验方案。

(3) 分析哪些因素会影响危险废物重金属浸出浓度?

(4) 查阅资料，比较国内外各种浸出毒性方法的差异性和可靠性。

实验二十一 危险废物飞灰的药剂稳定化实验

一、实验目的

药剂稳定化是利用化学药剂通过化学反应使有毒有害物质转变为低溶解性、低迁移性及低毒性物质的过程。垃圾焚烧飞灰作为危险废物，重金属含量较高，大大超过了安全填埋入场控制标准，必须进行固化/稳定化处理。常规的水泥固化处理技术存在着增容比大和长期稳定性问题，而用药剂稳定化处理危险废物，可以在实现废物无害化的同时，达到废物少增容或不增容，从而提高危险废物处理处置系统的总体效率和经济性，并且可以通过开发新型的稳定化药剂来提高稳定化产物的长期稳定性。

通过本实验，希望达到以下目的。

（1）掌握危险废物飞灰药剂稳定化的原理和方法。

（2）掌握影响药剂稳定化效果的因素。

二、实验原理

重金属废物的药剂稳定化技术包括 pH 控制技术、氧化还原电势控制技术、沉淀技术。pH 控制技术是一种使用最普遍、最简单的方法，其原理为：加入碱性药剂，将废物的 pH 调整至使重金属离子具有最小溶解度的范围，从而实现其稳定化。氧化还原电势控制技术是为了使某些重金属离子更易沉淀，常需将其还原为最有利的价态。最典型的是把 Cr^{6+} 还原为 Cr^{3+}、As^{5+} 还原为 As^{3+}。沉淀技术的原理为：通过加入稳定化药剂，与废物中的重金属形成沉淀，从而稳定下来。常用的沉淀技术包括氧化物沉淀、硫化物沉淀、硅酸盐沉淀、共沉淀、无机配合物沉淀和有机配合物沉淀。

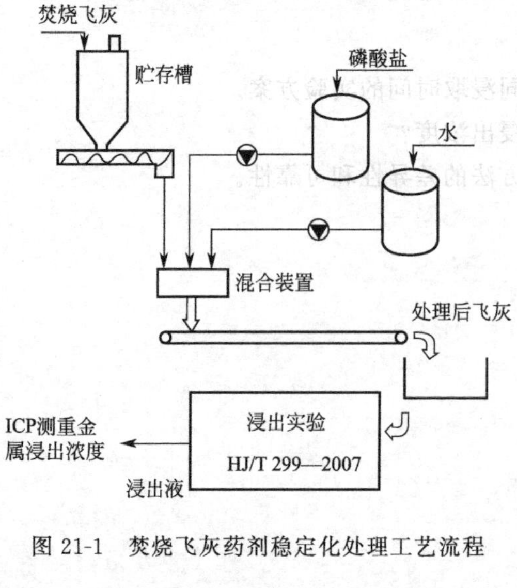

图 21-1 焚烧飞灰药剂稳定化处理工艺流程

用药剂稳定化来处理危险废物，根据废物中所含重金属的种类，可以采用的稳定化药剂有石膏、漂白粉、磷酸盐、硫化物（硫代硫酸钠、硫化钠）和高分子有机稳定剂等。

目前，用可溶性磷酸盐稳定化处理焚烧飞灰来降低其重金属浸出浓度的技术在美国和日本等国家已经进行了一些研究。同时，可溶性磷酸盐药剂也被应用在去除工业废水中的重金属和铅污染土壤的治理上。重金属可以被 PO_4^{3-} 成功沉淀出来，具有较好的处理效果。其中，处理样品的液固比、pH、离子强度、混合和反应时间均会影响处理的效果、生成沉淀的颗粒粒径以及沉淀形成的过程。

本实验主要是以磷酸盐作稳定化药剂，以不同的药剂投加量为实验条件，分析焚烧飞灰药剂稳定化前后重金属物质的浸出情况，考察用药剂稳定化焚烧飞灰中重金属物质的效果。其处理工艺流程如图 21-1 所示。

三、实验材料和仪器设备

垃圾焚烧飞灰若干；磷酸二氢钾若干；X 射线荧光光谱仪（XRF）1 台；等离子体发射光谱仪（ICP）1 台。

四、实验步骤

（1）采用 X 射线荧光光谱仪（XRF）对焚烧飞灰的化合物组成进行分析，分析结果列于表 21-1。

表 21-1　焚烧飞灰的元素组成

元素	Cl	O	K	Ca	S	Na	Zn	Si	Pb
组成(质量分数)/%									
元素	Al	Fe	Cu	Sn	Ti	P	Cd	Mg	Mn
组成(质量分数)/%									

（2）根据实验二十对焚烧飞灰进行浸出实验，采用等离子体发射光谱仪（ICP）测定浸出液的重金属浓度，分析结果见表 21-2。

表 21-2　焚烧飞灰的浸出毒性实验结果

重金属	Pb	Cu	Zn	Cd	Cr	Ni
浸出浓度/(mg/L)						
危险废物浸出毒性鉴别标准(GB 5085.3—2007)/(mg/L)	5	100	100	1	15	5

（3）在实验中，设定磷酸二氢钾的投加量为 0、3%、5%、7%、10%（质量分数），水灰比采用 0.3。将磷酸二氢钾与焚烧飞灰样品进行充分搅拌混合，常温下养护 24h 后根据实验二十测定其稳定化产物的重金属浸出浓度，分析结果见表 21-3。

表 21-3　焚烧飞灰在不同磷酸盐投加量下的浸出毒性实验结果

重金属	浸出浓度/(mg/L)				
	0	3%	5%	7%	10%
Pb					
Cu					
Zn					
Cd					
Cr					
Ni					

五、实验结果与讨论

（1）分析不同药剂投加量对飞灰稳定化效果的影响，得到最佳投药量。

（2）与水泥固化处理方法相比，药剂稳定化有何特点？

实验二十二　危险废物飞灰的水泥固化

一、实验目的

危险废物的水泥固化是指以水泥作固化剂，将危险废物掺和并包容起来，使其稳定化的一种过程。固化的主要目的是使危险废物易于运输和贮存，同时通过减小废物与环境接触的表面积来降低有毒有害组分渗漏的可能性；通过固化减少在处理、贮存、运输和处置过程中废物颗粒扩散产生的危害，有利于操作工人和环境的安全。

水泥固化剂是近20年来欧美等发达国家在处理有毒有害废物中应用最广和最多的材料，美国环保局将水泥固化称为处理有毒有害废物的最佳技术。

通过本实验，希望达到以下目的。

(1) 掌握危险废物飞灰水泥固化的原理和方法。

(2) 掌握影响水泥固化效果的因素。

二、实验原理

水泥是一种无机胶结剂，其主要成分为 SiO_2、CaO、Al_2O_3 和 Fe_2O_3，经水化反应后可形成坚硬的水泥块，能将分散的砂、石等添加剂牢固地凝结在一起。水泥固化危险废物飞灰就是利用水泥的这一特性。对危险废物飞灰进行固化时，水泥与水分发生水化反应生成凝胶，将危险废物飞灰微粒分别包容，并逐步硬化形成水泥固化体。此过程所涉及的水化反应主要有以下几个方面。

(1) 硅酸三钙的水合反应　反应式如下：

$$3CaO \cdot SiO_2 + xH_2O \longrightarrow 2CaO \cdot SiO_2 \cdot yH_2O + Ca(OH)_2 \longrightarrow CaO \cdot SiO_2 \cdot mH_2O + 2Ca(OH)_2 \quad (22\text{-}1)$$

$$2(3CaO \cdot SiO_2) + xH_2O \longrightarrow 3CaO \cdot 2SiO_2 \cdot yH_2O + 3Ca(OH)_2 \longrightarrow 2(CaO \cdot SiO_2 \cdot mH_2O) + 4Ca(OH)_2 \quad (22\text{-}2)$$

(2) 硅酸二钙的水合反应　反应式如下：

$$2CaO \cdot SiO_2 + xH_2O \longrightarrow 2CaO \cdot SiO_2 \cdot xH_2O \longrightarrow CaO \cdot SiO_2 \cdot mH_2O + Ca(OH)_2 \quad (22\text{-}3)$$

$$2(2CaO \cdot SiO_2) + xH_2O \longrightarrow 3CaO \cdot 2SiO_2 \cdot yH_2O + Ca(OH)_2 \longrightarrow 2(CaO \cdot SiO_2 \cdot mH_2O) + 2Ca(OH)_2 \quad (22\text{-}4)$$

(3) 铝酸三钙的水合反应　反应式如下：

$$3CaO \cdot Al_2O_3 + xH_2O \longrightarrow 3CaO \cdot Al_2O_3 \cdot xH_2O \quad (22\text{-}5)$$

如有氢氧化钙［$Ca(OH)_2$］存在，则变为：

$$3CaO \cdot Al_2O_3 + xH_2O + Ca(OH)_2 \longrightarrow 4CaO \cdot Al_2O_3 \cdot mH_2O \quad (22\text{-}6)$$

(4) 铝酸四钙的水合反应　反应式如下：

$$4CaO \cdot Al_2O_3 + xH_2O + Fe_2O_3 \longrightarrow 3CaO \cdot Al_2O_3 \cdot mH_2O + CaO \cdot Fe_2O_3 \cdot nH_2O \quad (22\text{-}7)$$

在普通硅酸盐水泥的水化过程中进行的主要反应如图 22-1 所示。最终生成硅铝酸盐胶体的这一连串反应是一个速率很慢的过程，所以为保证固化体得到足够的强度，需要在有足够水分的条件下维持很长的时间对水化的混凝土进行保养。对于普通硅酸盐水泥，进行最为迅速的反应是：

$$3CaO \cdot Al_2O_3 + 6H_2O \longrightarrow 3CaO \cdot Al_2O_3 \cdot 6H_2O + 热量 \quad (22\text{-}8)$$

该反应确定了普通硅酸盐水泥的初始状态。

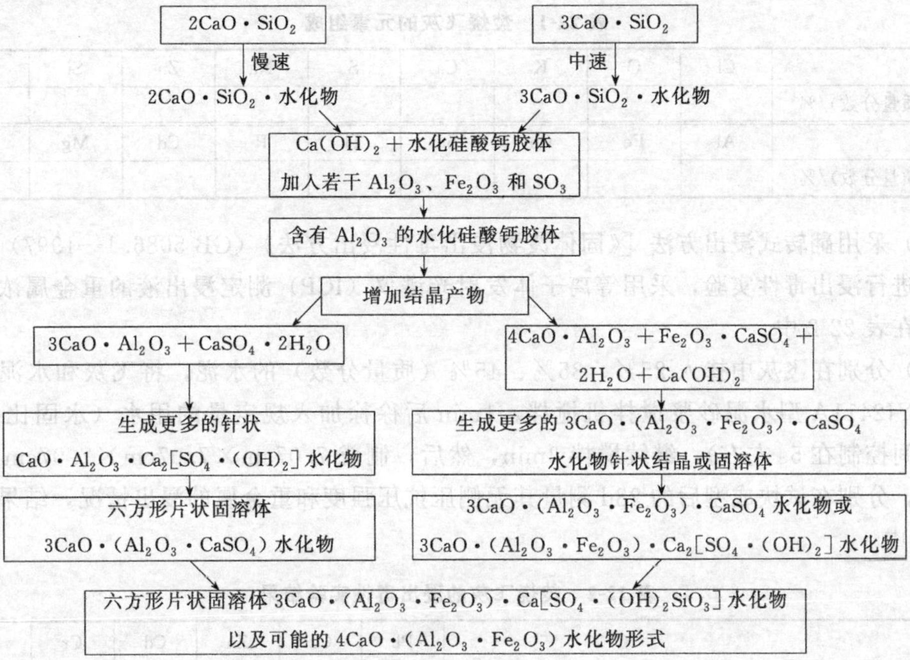

图 22-1　普通硅酸盐水泥的反应过程

水泥固化技术最适用于无机类型的废物，尤其是含有重金属污染物的废物。由于水泥所具有的高 pH，使得几乎所有的重金属形成不溶性的氢氧化物或碳酸盐形式而被固定在固化体中。研究指出，铅、铜、锌、锡、镉均可得到很好的固定。但汞仍然要以物理封闭的微包容形式与生态圈进行隔离。对于重金属水泥固化过程的化学机理，关于铅与铬研究得较多。研究结果指出，铅主要沉积于水泥水化物的颗粒外表面，而铬则较为均匀地分布于整个水化物的颗粒之中。

城市垃圾焚烧飞灰因其含有较高浸出浓度的铅、镉和锌等重金属而属于危险废物，在对其进行最终处置之前必须先经过固化/稳定化处理。另外，对飞灰做成分分析后发现，飞灰中含有大量的 SiO_2、Al_2O_3 和 CaO 等物质，与火山灰材料十分类似。因此飞灰形成的水泥固化体可以在确保安全的前提下进行一定的资源化利用，如用于修建危险废物填埋场的护坡等。目前，国内的不少危险废物填埋场已经开始采用水泥固化技术来控制焚烧飞灰的重金属污染。

本实验主要是分析焚烧飞灰水泥固化前后重金属物质的浸出情况，考察用水泥固化焚烧飞灰中重金属物质的效果。

三、实验材料和设备

$425^{\#}$ 水泥若干；焚烧飞灰若干；X 射线荧光光谱仪（XRF）1 台；等离子体发射光谱

仪（ICP）1 台；NYJ2411A 型水泥砂浆搅拌机 1 台；7.07cm×7.07cm×7.07cm 水泥胶砂试模；WSM-200kN 水泥抗压强度试验机 1 台。

四、实验步骤

（1）采用 X 射线荧光光谱仪（XRF）对焚烧飞灰的元素组成进行分析，结果记录在表 22-1 中。

表 22-1 焚烧飞灰的元素组成

元素	Cl	O	K	Ca	S	Na	Zn	Si	Pb
组成(质量分数)/%									
元素	Al	Fe	Cu	Sn	Ti	P	Cd	Mg	Mn
组成(质量分数)/%									

（2）采用翻转式浸出方法［《固体废物浸出毒性浸出方法》（GB 5086.1—1997）］对焚烧飞灰进行浸出毒性实验，采用等离子体发射光谱仪（ICP）测定浸出液的重金属浓度，结果记录在表 22-2 中。

（3）分别在飞灰中掺入 25%、35%、45%（质量分数）的水泥，将飞灰和水泥的混合物用 NYJ2411A 型水泥砂浆搅拌机搅拌，1min 后徐徐加入规定量的用水（水固比为 0.3，加水时间控制在 5s 左右），继续搅拌 3min，然后，制成 7.07cm×7.07cm×7.07cm 试件喷水养护，分别在试块成型后的 28d 测量其无侧压抗压强度和重金属的浸出情况，结果记录在表 22-3 中。

表 22-2 焚烧飞灰的浸出毒性实验结果

重金属	Pb	Cu	Zn	Cd	Cr	Ni
浸出浓度/(mg/L)						
危险废物浸出毒性鉴别标准(GB 5085.3—2007)/(mg/L)	1	100	100	1	15	5

表 22-3 焚烧飞灰在不同水泥投加量下的浸出毒性实验结果

重金属	浸出浓度/(mg/L)		
	25%	35%	45%
Pb			
Cu			
Zn			
Cd			
Cr			
Ni			

五、实验结果与讨论

（1）分析不同水泥添加量对飞灰稳定化效果的影响，得到最佳固化比。

（2）与药剂稳定化处理方法相比，水泥固化有何特点？

实验二十三 危险废物回转窑焚烧过程模拟装置操作

一、实验目的

焚烧炉种类繁多，主要有炉排焚烧炉、炉床焚烧炉和沸腾流化床焚烧炉三种类型。回转窑具有炉内混合好、传热均匀的特点，可以考虑用于危险废物的焚烧处理。

本实验通过回转窑焚烧炉模拟装置对危险废物进行焚烧，以达到以下目的。

(1) 掌握回转窑焚烧炉焚烧废物的原理和特点。

(2) 掌握回转窑焚烧炉模拟装置的操作。

(3) 了解焚烧温度、回转窑转速等因素对焚烧炉的燃烧效果的影响。

二、实验原理

旋转窑垃圾焚烧炉是一个略微倾斜而内衬耐火砖的钢制空心圆筒，窑体通常很长。大多数废物是由燃烧过程中产生的气体以及窑壁传输的热量加热的。固体废物可从前端送入窑中进行焚烧，以定速旋转来达到搅拌废物的目的。旋转时必须保持适当倾斜度，以利于固体废物下滑。

不完全燃烧的程度反映焚烧效果的好坏，评价焚烧效果的方法有多种，比较直接的是用肉眼观察垃圾焚烧产生的烟气的“黑度”来判断焚烧效果，烟气越黑，焚烧效果越差。本实验用焚烧残渣热灼减量 Q_R 来衡量焚烧处理效果。热灼减量是指焚烧残渣在 (600±25)℃经 3h 热灼后减少的质量占原焚烧残渣质量的百分数，其计算方法如下：

$$Q_R=\frac{m_a-m_d}{m_a}\times100\%$$

式中 Q_R——热灼减量，%；

m_a——焚烧残渣在室温时的质量，kg；

m_d——焚烧残渣在 (600±25)℃经 3h 热灼后冷却至室温的质量，kg。

分别改变回转窑转速、炉温进行了焚烧实验。

三、实验装置

小型回转窑焚烧炉实验台如图 23-1 所示。实验系统由驱动系统、炉体和加热系统等几部分组成。通过调节输入电压方式，对 500W 的直流电动机进行无级调速，从而实现对回转窑转速的调节。采用螺杆调节实验台进口一边高度来调节炉体的倾角。废物分次由回转窑前方上部投入。

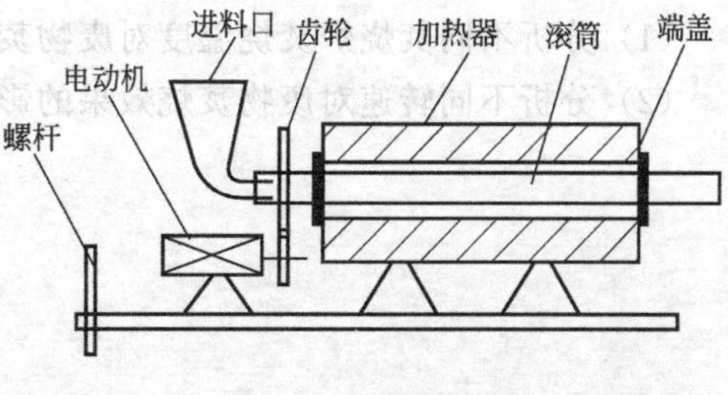

图 23-1 小型回转窑焚烧炉实验台示意图

四、实验步骤

(1) 将危险废物（可采用医疗垃圾）试样采用破碎机或其他破碎方法破碎至粒度小于10mm。

(2) 接通电源，升高炉温，将垃圾从焚烧炉前部上方投入焚烧炉内进行燃烧。调节输入电压，使回转窑转速保持在10r/min。

(3) 将炉温升到600℃，垃圾稳定燃烧30min以上，取残渣进行热灼减量测定。

(4) 改变焚烧温度，分别升高到700℃、800℃和900℃，取残渣分析热灼减量。

(5) 将焚烧温度稳定在800℃，调节输入电压，使回转窑转速分别保持在2r/min、5r/min、10r/min、15r/min，取残渣进行热灼减量测定，每一个流化速度下垃圾均稳定燃烧30min以上。

五、实验数据

(1) 记录实验设备基本参数，包括焚烧炉功率、电动机功率、回转窑炉体倾角等。

(2) 记录焚烧炉初始温度、升温时间。

(3) 参考表23-1、表23-2记录实验数据。

表23-1 不同焚烧温度下的废物焚烧效果

实验序号	1	2	3	4
焚烧温度/℃	600	700	800	900
热灼减量/%				

表23-2 不同转速条件下的废物焚烧效果

实验序号	1	2	3	4
转速/(r/min)	2	5	10	15
热灼减量/%				

(4) 为分析回转窑焚烧炉焚烧温度和转速对废物焚烧效果的影响，根据实验数据作图，纵坐标为焚烧残渣热灼减量，横坐标分别为焚烧温度和转速。

六、实验结果与讨论

(1) 分析不同焚烧炉焚烧温度对废物焚烧效果的影响。

(2) 分析不同转速对废物焚烧效果的影响。

实验二十四　危险废物配伍与以废治废

一、实验目的

本实验通过将城市垃圾焚烧飞灰（MSWI 飞灰）为主要组分，配以适量的硅酸盐水泥、偏高岭土，构建新型的固化体系，与其他含重金属类的废物填埋共同处置，实现危险废物处理的减量化和以废治废。

通过本实验，希望达到以下目的。

（1）加深对危险废物固化/稳定化基本概念的理解。

（2）了解危险废物配伍和以废治废的意义。

二、实验原理

城市垃圾焚烧飞灰（MSWI 飞灰）含有大量的 Pb、Cd、Zn 等重金属而属于危险废物，需要进行水泥固化或药剂稳定化后再送入安全填埋场进行填埋处置。此法消耗了大量的水泥资源，对填埋场库容来说也是一种极大的浪费。

有研究表明，在掺加了富铝组分的 $CaO\text{-}CaCl_2\text{-}CaSO_4\text{-}SiO_2\text{-}Al_2O_3\text{-}H_2O$ 体系中，水化反应后除了形成水化硅酸钙（C-S-H）相外，氯离子将优先形成具有层状结构的单氯铝酸钙（Feiedel 相-$3CaO \cdot Al_2O_3 \cdot CaCl_2 \cdot 10H_2O$），硫酸根离子则利于钙矾石（Ettringite 相-$3CaO \cdot Al_2O_3 \cdot 3CaSO_4 \cdot 31H_2O$）和单硫铝酸钙（AFm 相-$3CaO \cdot Al_2O_3 \cdot CaSO_4 \cdot 10H_2O$）的形成。Ettringite 和 AFm 相能够通过离子交换使重金属离子进入矿物的晶格内，实现束缚作用。

MSWI 飞灰属于 $CaO\text{-}CaCl_2\text{-}CaSO_4\text{-}SiO_2$ 的富硫富氯体系，掺加适量的富铝偏高岭土，能促使形成一定含量的 Feiedel、Ettringite 相。因此，利用 MSWI 飞灰替代水泥类的固化原材料，通过组分的调控配伍，与其他含重金属类危险废物共填埋处置，可实现危险废物处置的减量化，达到以废治废的目的。

三、实验材料和实验仪器

（1）MSWI 飞灰　可取自当地的垃圾焚烧厂。以上海市浦东御桥垃圾焚烧厂飞灰为例，主要组分（质量分数）为 SiO_2 21.32%、Al_2O_3 13.15%、CaO 27.03%、Cl 10.43%、SO_3 11.17%、Zn 0.52%、Pb 0.45%、Cd 0.04%、Cu 0.62%。

（2）普通硅酸盐水泥　化学成分（质量分数）为 CaO 64.23%、Al_2O_3 6.01%、SiO_2 21.06%、Fe_2O_3 3.33%、MgO 1.53%。

（3）偏高岭土　滁州市惠友粉体材料厂，主要组分（质量分数）为 SiO_2 51.56%、Al_2O_3 46.25%。

（4）重金属类废物　用 CP 级可溶态重金属盐 $Pb(NO_3)_2$、$Cd(NO_3)_2$ 模拟。

（5）净浆搅拌器　NJ-160A 型。

（6）热真空干燥箱　KF030 型。

(7) 抗折抗压试验机 TYE-50 型。

四、实验步骤

(1) 依照表 24-1 所示的配比，将各组分置于净浆搅拌器中，充分搅拌混匀后，倒入 20mm×20mm×20mm 的模具内，20℃空气养护至设定的龄期（1d、3d、7d、14d、28d），测定其强度，颗粒用无水乙醇终止水化，40℃真空烘干后备用。

表 24-1 各固化体系配比（质量分数）

样品号	MSWI 飞灰/%	纯硅酸盐水泥/%	偏高岭土/%	水灰比	$Pb(NO_3)_2$/%	$Cd(NO_3)_2$/%	$Zn(NO_3)_2$/%
1	70	15	15	0.3	0.5	0.5	0.5
2	70	30		0.3	0.5	0.5	0.5

利用传统的固化/稳定化 MSWI 飞灰的方法（30%的纯硅酸盐水泥固化飞灰）作为参比体系。

(2) 按照《水泥胶砂强度检验方法》(GB/T 17671—1999) 测定各固化体系的强度。

(3) 按照实验二十方法测定固化体系的浸出毒性。

(4) 记录分析结果并分析整理。

五、实验结果整理

实验数据可参考表 24-2 和表 24-3 记录。

表 24-2 各固化体系的抗压强度

样品号	抗压强度/MPa				
	1d	3d	7d	14d	28d
1					
2					

表 24-3 浸出毒性测定结果

重金属	样品号	浸出浓度/(mg/L)					浸出毒性阈值/(mg/L)
		1d	3d	7d	14d	28d	
Pb	1						5
	2						
Cd	1						1
	2						
Zn	1						100
	2						

六、实验结果与讨论

(1) 评述本实验方法和实验结果。

(2) 探讨养护天数对固化体系抗压强度及稳定化效果的影响。

(3) 阐述危险废物配伍和以废治废的意义。

实验二十五　固体废物填埋场防渗层的铺设

一、实验目的

本实验为设计研究型实验，通过学生自主设计不同类型填埋场的防渗层系统，使学生初步了解不同类型填埋场防渗层的铺设，掌握不同类型填埋场防渗层的结构和作用。

二、实验原理

根据处置对象的性质和填埋场的结构形式，可将填埋场分为惰性填埋场、卫生填埋场和安全填埋场等。但目前被普遍承认的分类法是将其分为卫生填埋场和安全填埋场两种。前者主要处置城市垃圾等一般固体废物，而后者则主要以危险废物为处置对象。

惰性填埋场是指将原本已稳定的废物，如玻璃、陶瓷及建筑废料等，置于填埋场，表面覆以土壤。本质上惰性填埋场所填埋的废物只着重其对废物的贮存功能，而不在于污染的防治（或阻断）功能。

卫生填埋场是指将一般废物（如城市垃圾）填埋于不透水材质或低渗水性土壤内，并设有渗滤液、填埋气体收集或处理设施及地下水监测装置的填埋场。填埋场的场底防渗系统主要有水平防渗系统和垂直防渗系统两种类型。水平防渗系统是在填埋区底部及四周铺设低渗透性材料制作的衬层系统。垂直防渗系统将密封层建在填埋场的四周，主要利用填埋场基础下方存在的不透水层或弱透水层，将垂直密封层构筑在其上，以达到将填埋气体和垃圾渗滤液控制在填埋场之内的目的，同时也有阻止周围地下水流入填埋场的功能。在水平防渗系统中，通常从上至下可依次包括过滤层、排水层（包括渗滤液收集系统）、保护层和防渗层等。根据以上几种功能的不同方式的组合，水平防渗的衬层系统可以分为单层衬层系统、复合衬层系统、双层衬层系统、多层衬层系统。图 25-1 为典型的生活垃圾卫生填埋场防渗层系统结构。

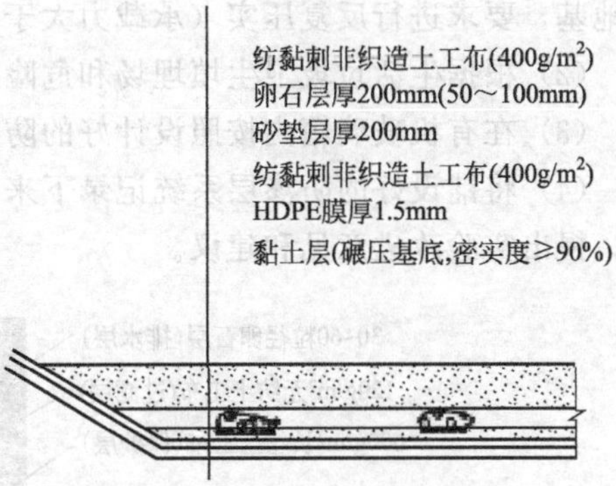

图 25-1　生活垃圾卫生填埋场防渗层系统示意图

安全填埋场专门用于处置危险废物，因此不单填埋场地构筑上较惰性填埋场和卫生填埋场复杂。根据《危险废物填埋污染控制标准》（GB 18598—2001）要求，危险废物填埋场一般应选择复合、双层、多层等衬垫系统，以 HDPE 膜为主要的防渗材料。填埋场设计防渗衬垫系统以黏土和柔性膜水平防渗为主，采用双人工复合衬层防渗系统，在填埋场底部和有一定坡度的四周铺设低渗透性天然黏土层及双层人工合成的隔水土工衬垫的方式，隔绝填埋废物与周围环境的联系。防渗系统结构层自上而下包括（图 25-2）：第 1 层土工布隔离与反滤层；第 2 层渗滤液主排水层，内设 HDPE 管将填埋场渗滤液排至渗滤液集水池；第 3 层土工布保护层；第 4 层复合 HDPE 膜主防渗层；第 5 层辅助排水层；第 6 层 HDPE 膜次防

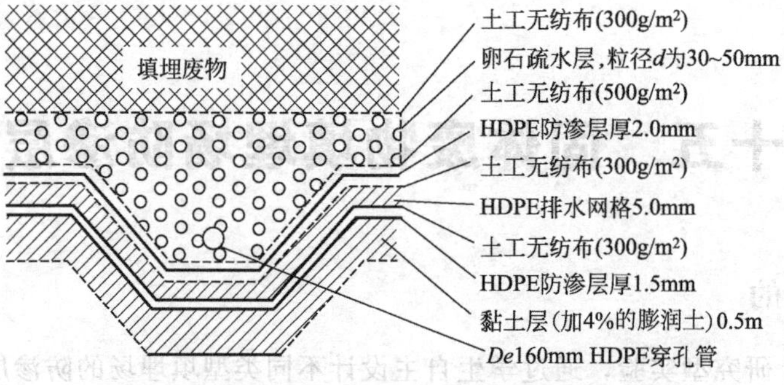

图 25-2 安全填埋场防渗层系统示意图

渗层；第 7 层压实黏土层。

三、实验材料和设备

高密度聚乙烯（HDPE）土工膜（厚度分别为 1.5mm 和 2mm 两种）；黏土（干密度不得小于 1.4t/m^3）；砾石（直径为 20～30mm）；卵石（直径为 30～60mm）；土工布（300g/m^2、400g/m^2、500g/m^2 等几种规格）；GCL 膨润土。

四、实验内容及步骤

(1) 准备一个透明的有机玻璃箱（30cm×20cm×25cm），在里面预先用黏土在箱内做好地基，要求进行反复压实（承载力大于 150kPa）和平整。

(2) 根据生活垃圾卫生填埋场和危险废物安全填埋场的要求，设计相应的防渗层系统。

(3) 在有机玻璃箱内按照设计好的防渗层系统依次进行铺设，并做好相应的实验记录。

(4) 将铺设好的防渗层系统记录下来（图 25-3），完成实验报告，并对实验结果进行讨论，提出实验改进意见和建议。

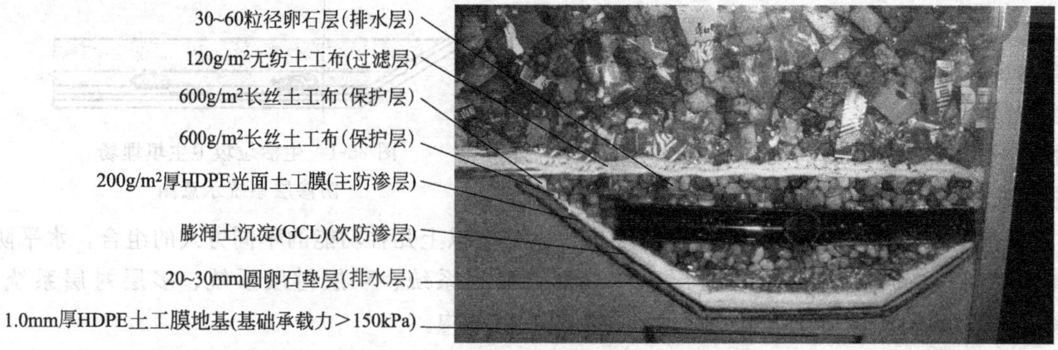

图 25-3 防渗层

五、实验结果与讨论

(1) 设计研究型实验的定义及特点。

(2) 分析不同类型填埋场防渗层的结构和功能。

(3) 试对本实验提出改进建议。

实验二十六　生活垃圾卫生填埋场防渗层渗透性能测试

一、实验目的

生活垃圾卫生填埋场必须防止对地下水的污染。《生活垃圾填埋污染控制标准》(GB 16889—2008) 中规定，生活垃圾填埋场的防渗层的渗透系数 $K \leqslant 10^{-7}$ cm/s。渗透系数 K 体现了填埋场防渗层的渗透性能，主要通过变水头渗透实验来测定。

渗透系数 K 是综合反映土体渗透能力的一个指标。影响渗透系数大小的因素很多，主要取决于土体颗粒的形状、大小、不均匀系数和液体的黏滞性等，要建立计算渗透系数 K 的精确理论公式比较困难，通常可通过实验方法或经验估算法来确定 K 值。

本实验测定在不定水头压力的条件下，生活垃圾填埋场防渗层的渗透系数。通过本实验，希望达到以下目的。

(1) 了解防渗层渗透性能测试的基本原理和基本方法。

(2) 掌握渗透系数与渗透量、截面积、水力坡降和时间的关系。

二、渗透系数测试的原理

渗透系数又称水力传导系数 (hydraulic conductivity)，是描述介质渗透能力的重要水文地质参数。根据达西公式，渗透系数代表当水力坡降为 1 时水在介质中的渗流速度，表示流体通过孔隙骨架的难易程度，单位是 m/d 或 cm/s。渗透系数大小与介质的结构（颗粒大小、排列、孔隙充填等）和水的物理性质（液体的黏滞性、容重等）有关。生活垃圾填埋场防渗层的渗透系数一般用变水头渗透实验测定。

在各向异性介质中，渗透系数以张量形式表示。渗透系数越大，土体的透水性越强。强透水的粗砂砾石层渗透系数大于 10m/昼夜；弱透水的亚砂土渗透系数为 0.01～1m/昼夜；不透水的黏土渗透系数小于 0.001m/昼夜。由此可见，土壤渗透系数主要取决于土壤质地。在饱和水分土壤中，渗透系数 K 按照达西公式计算如下：

$$K=\frac{Q}{AJt} \tag{26-1}$$

$$J=\frac{h}{L} \tag{26-2}$$

式中　K——渗透系数，在单位水压梯度下，单位时间内通过单位截面积的流量，cm/s；

Q——在时间 t 内渗透过一定截面积的水量，cm^3；

A——发生渗透的土壤的横截面积，cm^2；

t——发生渗透作用的时间，s；

J——水力坡降，即渗透层中单位距离内的水压降；

h——土柱上水头差，即静水压力，cm；

L——发生水分渗透作用的土层的厚度，即渗透路程，cm。

渗透速度表示单位时间内通过单位横截面积土壤断面的水流量。渗透速度 V（cm/s）计算公式如下：

$$V=\frac{Q}{At}=KJ \tag{26-3}$$

土壤渗透性的测定有室外法（渗透筒法）及室内法（环刀法）。

三、测定方法

（一）室内法

1. 仪器设备

（1）渗透容器　如图 26-1 所示。

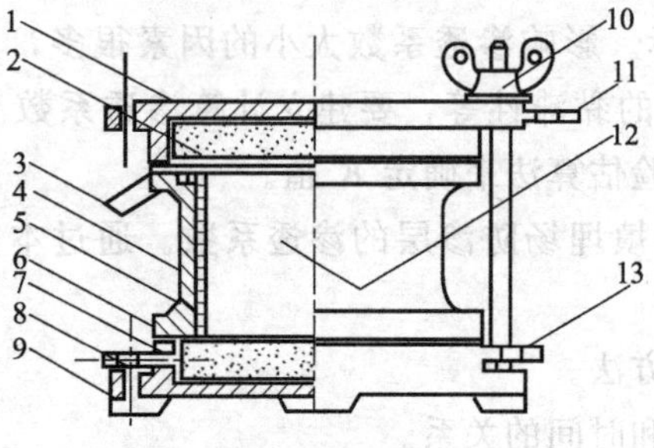

图 26-1　渗透容器

1—上盖；2，7—透水石；3，6—橡胶圈；4—环刀；5—盛土筒；8—排气孔；9—下盖；10—固定螺杆；11—出水孔；12—试样；13—进水孔

（2）变水头装置（渗透仪）　变水头管内径均匀，且不大于 1cm，管外应有精度 1.0mm 的刻度，如图 26-2(a) 所示。

（3）负压装置或抽气机　如图 26-2(b) 所示。

（4）其他　切土器、温度计、削土刀、秒表、钢丝锯、凡士林。

2. 实验步骤

（1）根据需要，用环刀垂直或平行于土样层面切取原状土样，或制备成给定密度的扰动土样，并进行充水饱和。需要注意的是，切取土样时，应尽量避免结构扰动，严禁用修土刀反复擦抹试样表面，以免表面的孔隙堵塞或受压缩，影响实验结果。

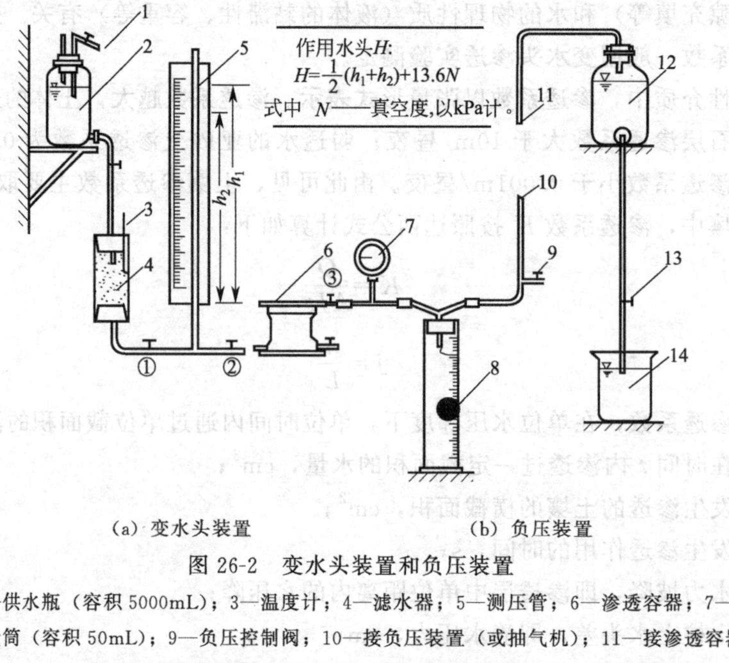

图 26-2　变水头装置和负压装置

1—接水源；2—供水瓶（容积 5000mL）；3—温度计；4—滤水器；5—测压管；6—渗透容器；7—真空压力表；8—量筒（容积 50mL）；9—负压控制阀；10—接负压装置（或抽气机）；11—接渗透容器；12—贮水瓶（容积 1000～5000mL）；13—螺旋止水阀；14—溢水瓶

(2) 将环刀外壁涂一薄层凡士林，推入护环内，刮除多余的凡士林。

(3) 放入浸润的透水石及滤纸，盖好上下盖，拧紧固定螺杆。

(4) 把装好试样的容器的进水孔与变水头装置连通，开止水夹①，使变水头管内充水，看变水头管水面是否与贮水瓶水面齐平。同时将容器侧立，排气孔向上，并把排气孔上止水夹打开，然后开止水夹②，至排气孔中水不带气泡时为止，关闭排气孔止水夹，水平放好容器。

(5) 在不高于 200cm 水头作用下，静置一段时间，待容器出水孔有水溢出后，开始测定。

(6) 关闭负压控制阀，将容器出水孔与负压装置连通，关闭止水夹③，开启螺旋止水阀，贮水瓶中水流入溢水瓶，贮水瓶上部产生负压。当负压作用和水头平衡时，水流停止，溢水瓶无水溢出，否则应检修。

(7) 打开止水夹③，使负压装置和容器接通，试样因受负压作用开始渗流。若溢水瓶水流增量多于量筒中水流增量，说明装置有漏气现象，应重新检查。如试样和环刀内壁不密合，则试样应重新制作。

(8) 经检查无漏气后，开动秒表，测试开始至结束时间内量筒内水面读数，准确至 $0.1cm^3$；测量贮水瓶至溢水瓶间水位差，准确至 1cm；同时测量并记录滤水器开始与结束时水温，准确至 0.5℃，取平均值。

(9) 改变溢水瓶高度和水力坡降，按步骤 (8) 继续测定。

(10) 如用抽气机产生负压，则调整负压控制阀，产生一定的负压（通过真空压力表读出），按照步骤 (8) 测记量筒内水面读数和开始及结束时滤水器内水温。调整负压控制阀，改变负压，重复测记一次。

3. 数据整理

渗透系数计算公式如下：

$$K=\frac{Q}{AJt} \tag{26-4}$$

$$J=\frac{\frac{h_1+h_2}{2}+H}{h_i}\text{（负压装置）} \tag{26-5}$$

$$J=\frac{\frac{h_1+h_2}{2}+13.6N}{h_i}\text{（抽气机）} \tag{26-6}$$

式中　K——试样的渗透系数，cm/s；

Q——时间 t 内的渗透水量，cm^3；

A——试样断面积（等于环刀内径面积），cm^2；

J——水力坡降；

H——贮水瓶至溢水瓶间水位差，cm；

h_i——试样高度，cm；

t——测定时间，s。

h_1、h_2、N 如图 26-2(a) 所示。

4. 实验结果

实验测得各数据，可参照表 26-1 记录。其中不同温度下的校正系数见表 26-2。

（二）室外法

1. 仪器设备

（1）渗透筒　铁制圆柱形筒，横截面积为 $1000cm^2$（内径 358mm，高 350mm）。

（2）量筒　500mL 和 1000mL 各一个。

（3）小铁桶　打水用。

（4）温度计　0～50℃。

（5）计时器　秒表或一般钟表。

（6）其他　木制厘米尺、小刀、斧头等。

表 26-1　渗透实验记录

土粒密度：________　试样断面积：________　孔隙比：________　实验高度：________

历时 t			开始水头 h_1 /cm	终了水头 h_2 /cm	负压水头 H（或 13.6N）/cm	渗透水量 Q /cm^3	水力坡降 J	平均水温 T /℃	水温 T 时渗透系数 K_T /($\times10^{-6}$cm/s)	校正系数	20℃渗透系数 K_{20} /($\times10^{-6}$cm/s)	平均渗透系数 K /($\times10^{-6}$cm/s)
开始 t_1	终了 t_2	历时 /s										
(1)	(2)	(3)	(4)	(5)	(6)	(7)	(8)	(9)	(10)	(11)	(12)	(13)
		(2)−(1)					$\frac{(h_1+h_2)/2+(6)}{h_i}$				(10)×(11)	$\frac{\sum(12)}{n}$

表 26-2　不同温度下的校正系数

温度/℃	校正系数	温度/℃	校正系数	温度/℃	校正系数
5.0	1.516	12.0	1.239	19.0	1.035
5.5	1.493	12.5	1.223	19.5	1.022
6.0	1.47	13.0	1.206	20.0	1.01
6.5	1.449	13.5	1.19	20.5	0.998
7.0	1.428	14.0	1.175	21.0	0.986
7.5	1.407	14.5	1.16	21.5	0.974
8.0	1.387	15.0	1.144	22.0	0.963
8.5	1.367	15.5	1.13	22.5	0.952
9.0	1.347	16.0	1.115	23.0	0.941
9.5	1.328	16.5	1.101	23.5	0.919
10.0	1.31	17.0	1.088	24.0	0.899
10.5	1.292	17.5	1.074	24.5	0.879
11.0	1.274	18.0	1.061	25.0	0.859
11.5	1.256	18.5	1.048	25.5	0.841

2. 实验步骤

(1) 选择具有代表性的地段，布置一块约 $1m^2$ 的圆形（直径 113cm）实验地块，将其周围筑以土埂。土埂高约 30cm，顶宽 20cm，将其捣实。渗透筒置于中央，应用小刀按筒的圆周向外挖宽 2～3cm、深 15～20cm 的小沟，使筒深深嵌入土中。插好后，把取出的土壤重新填入缝隙并予以捣实，防止沿壁渗漏损失。筒内部为实验区，外部为保护区。

(2) 在筒内外各插入一米尺，以便观察灌水层的厚度。在筒内外迅速灌水，使水层厚度保持在 5cm。因为从一开始时，水就向土壤内渗入，所以必须很快地把水倒到预期的水层厚度。为了使灌入的水不致冲刷表层土壤，不应将水直接倒在土面上，而应在筒内外灌水处用胶板或木板（甚至杂草或蒿草）保护。

(3) 温度对渗透系数的影响很大，应在筒内插入温度计，以便换算为 10℃时的渗透系数。

(4) 当实验区内部灌水到 5cm 高时，应立即开始计时，每隔一定时间进行一次水层下降的读数，准确至毫米，读数后立即加水至原来 5cm 的高度处，记下每次加入水量，并随时记录相应的温度变化。第一次读数加水是在计时开始后的 2min，5min 后读第二次，以后每隔 5～10min 读一次，随着渗水速度变慢，可隔 0.5h 或 1h 进行一次。

(5) 在测量渗透速度的最后阶段，所得到的各段间隔时间内的数值，彼此差值很小，实验即可告结束。实验持续时间，黏土一般为 5～8h。如透水性很小，则延续 12h 或 24h，也不必延续过久。

3. 数据整理

(1) 测定记录见表 26-3。

表 26-3　室外法测定记录

测定人		
测定地点		
测定日期		
渗透筒截面积 A/cm^2		
插入深度 L/cm		
水层厚度 h/cm		
水温/℃		
测定时刻(××时××分)		
自开始后/min		
每次灌入水量 Q/mL		
渗入水总量 $Q_总/mm$		
渗透速度 $V/(mm/min)$		
渗透系数/(cm/s)	K	
	K_{10}	

(2) 计算渗入水总量 Q(mm)，公式如下：

$$Q=\frac{(Q_1+Q_2+\cdots+Q_n)\times 10}{A} \tag{26-7}$$

式中 $Q_1, Q_2, \cdots, Q_n$——每次灌入水量，mL；

A——渗透筒截面积，cm^2；

10——单位换算系数。

利用上式可求出地面保持 5cm 水层厚度的任何时间内的渗入水总量。

(3) 计算第 n 时段的渗透速度 V(mm/min)，公式如下：

$$V=\frac{Q_n\times 10}{t_n A} \tag{26-8}$$

式中 Q_n——第 n 时段内灌入水量，mL；

t_n——第 n 时段所间隔的时间，min；

10——单位换算系数。

(4) 计算渗透系数 K(mm/min)，公式如下：

$$K=\frac{Q_n\times 10}{t_n A}\times\frac{L}{h} \tag{26-9}$$

式中 L——铁筒插入土中的深度，cm；

h——实验时保持的水层厚度，cm；

10——单位换算系数。

(5) 为了使不同温度下所测得的 K 值便于比较，应根据哈费公式换算为 10℃时的渗透系数 K_{10}(mm/min)，公式如下：

$$K_{10}=\frac{K_t}{0.9+0.03t} \tag{26-10}$$

式中 K_t——温度为 t℃时的渗透系数，mm/min；

t——渗透测定时的温度，℃。

四、需要注意的问题

为使实验室测定方法的结果能适用于较大的范围，实验时应取几个不同的水力梯度，使水头差在一定的范围内变化。室内实验所得的 K 值对于被实验土样是可靠的，但由于实验采用的试样只是现场防渗层中的一小块，其结构还可能受到不同程度的破坏，为了正确反映整个填埋区防渗层的实际渗透性能，应选取足够数量的未扰动土样进行多次实验。

五、实验结果讨论

(1) 室内法和室外法有什么相同之处？不同点在什么地方？

(2) 为什么生活垃圾填埋场的防渗层的渗透系数 K 要小于 10^{-7}cm/s？在该渗透系数下，如果发生渗漏，渗滤液穿透 2m 的防渗层需要多长时间？

实验二十七　生活垃圾卫生填埋场防渗层渗漏测试及地下环境污染动态监测

一、实验目的

生活垃圾卫生填埋场防渗系统是在填埋场场底及四周基础表面铺设防渗衬层，将垃圾渗滤液封闭于填埋场中进行有控制的导出，防止渗滤液向四周渗透污染地下水和填埋场气体的无控释放，同时也兼具防止周围地下水流入填埋场的功能。

目前，垃圾填埋场防渗层渗漏检测技术主要体现在两方面：一方面在垃圾填埋场建设期，检测防渗衬层的铺设质量，减小发生渗漏的可能性；另一方面在垃圾填埋场运营期，利用预先埋设的监测系统，实时监测垃圾填埋场是否发生渗漏，以及渗漏发生后渗滤液羽状体在地下的扩散过程。本实验涉及的防渗层渗漏测试技术是指后者。

本实验实施希望达到以下目的。

(1) 初步了解生活垃圾卫生填埋场常用的防渗系统结构。

(2) 了解三维电学渗漏监测的基本原理、系统布设方法及数据处理方法。

(3) 了解三维电学监测结果对渗漏情况的反映能力。

二、实验原理

1. 防渗系统简介

目前比较常用的防渗系统是单复合衬层防渗系统（图 27-1）。这种防渗系统采用复合防渗层，即由两种防渗材料相贴而形成的防渗层。两种防渗材料相互紧密地排列，提供综合效力。比较典型的复合结构是，上层为高密度聚乙烯膜，下层为渗透性低的黏土矿物层。

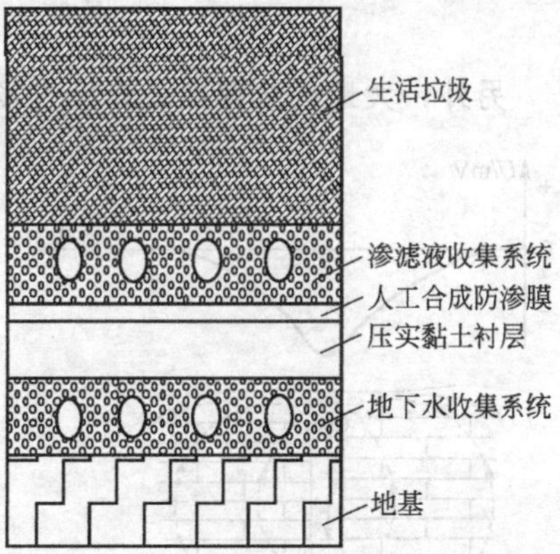

图 27-1　单复合衬层防渗系统

生活垃圾卫生填埋场防渗层渗漏测试，是对填埋场衬里系统（包括天然衬里系统和人工衬里系统）的安全性进行检测，及时评价填埋场的防渗性能，防止因防渗层渗漏而导致渗滤液污染地下环境。

2. 渗漏测试原理

电阻率是描述物质导电性能的物理参数。土壤是由骨架颗粒、孔隙水和空气组成的三相介质。颗粒电阻率、含水量及孔隙水的电阻率决定了土壤电阻率的大小。

垃圾填埋场运营后，防渗衬层下土体依次为包气带和饱水带，它们之间构成一种动态平衡过程（图 27-2、图 27-3）。防渗层发生渗漏后，渗滤液首先浸入包气带中，土体电阻率随含水率增大而减小；渗滤液继续向下迁移至饱水带时，渗滤液含有的导电性离子使土层中孔隙水电阻率降低，进而使土层的电阻率减小。渗滤液浸入区实际成为一个低电阻率区。通过探测这个电阻率异常区，就可能检测到渗滤液扩散影响范围。分析影响区的分布特征可确定对应防渗层渗漏点的存在；通过不同时期的连续监测，便可确定渗滤液扩散规律及速度。

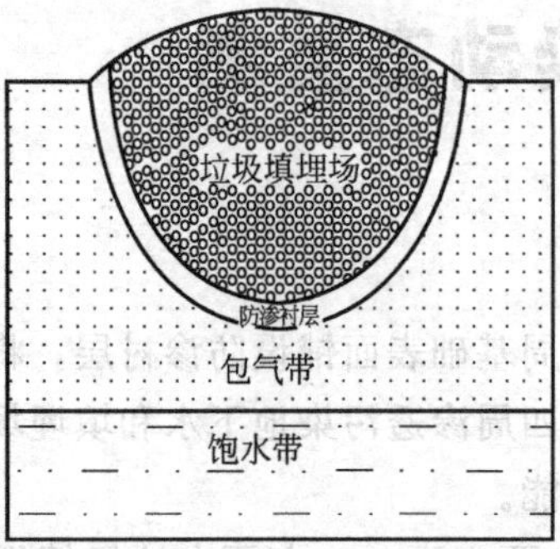

图 27-2 垃圾填埋场地下地质结构特征

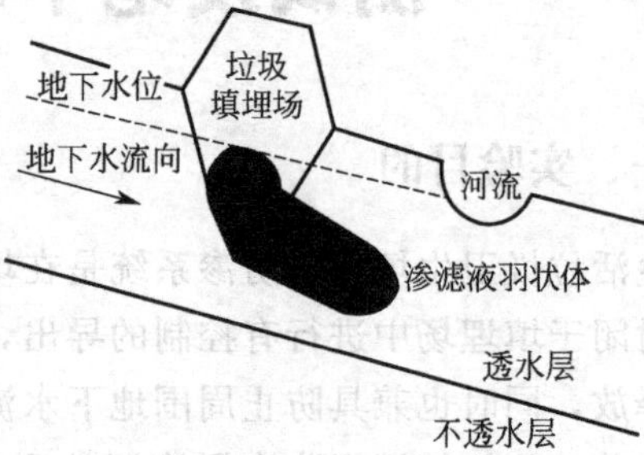

图 27-3 垃圾填埋场渗漏后渗滤液羽状体形态

电阻率异常区探测是通过在地面观测人为建立电场的分布实现的。地下介质的电性不均匀可使人工建立稳定电场的空间分布特征发生改变。低阻体吸引电流线，致使大部分电流从它的内部流过［图 27-4(a)］，在地面观测时会观测到低电位；高阻体排斥电流线，致使电流几乎不能通过其内部而在其旁边流过［图 27-4(b)］，在地面观测到高电位。

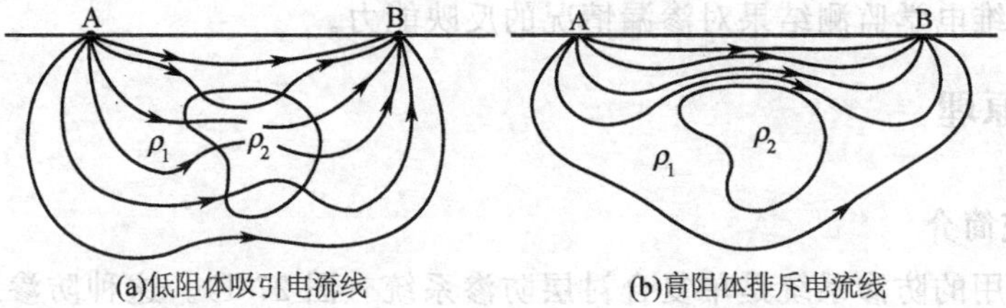

图 27-4 非均匀介质中电流分布示意图

另外，大地天然存在着自然电场，它的存在与地层分布及地下水的运动等因素有关。当垃圾填埋场发生渗漏后，渗滤液沿渗漏点穿过防渗衬层向下运移时，于其上方滤下负离子，而下方堆积较多的正离子，从而形成图 27-5 所示的自然电位异常。渗漏点正上方对应自然电位的极小值，这种电动效应形成的自然电场也称过滤电场。利用布设的电学观测系统观测这种自然电位场的分布特征便可实现对防渗层渗漏点位置的判定。

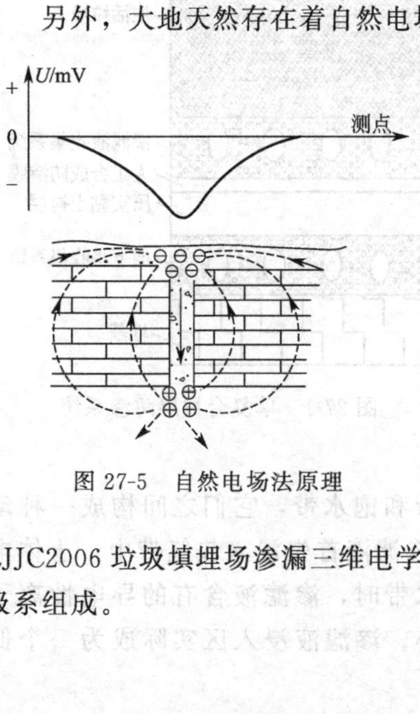

图 27-5 自然电场法原理

三、实验装置

实验采用中国海洋大学环境科学与工程学院环境监测仪器研究室和吉林大学工程技术研究所联合研制的 LJJC2006 垃圾填埋场渗漏三维电学监测系统。其由控制主机、智能电极转换系统和三维电极系组成。

四、实验步骤

(1) 在试验槽内或室外空地模拟建立垃圾填埋场防渗系统，防渗系统下伏土体可以自由选取，一般用砂土开展实验。

(2) 在防渗系统底部布设三维电极系，电极系网状布设，电极距可以根据模拟垃圾填埋场底面积的大小和拟探测防渗层以下土层的深度而确定。实验中通常选用不锈钢钉作为电极，电极距设为5cm。以其中一个电极为基准点，将电极依次标号并测定相对位置坐标，如图27-6所示。

(3) 将布设电极系按标号顺序通过电缆和智能电极转换系统箱相连，电极转换箱通过专用电缆和控制主机相连。

(4) 启动控制主机，根据采集软件要求按照电极布设情况建立三维电极观测系统，依次对电极系分布区域的自然电位分布和一定深度内土层电阻率进行本底测量。

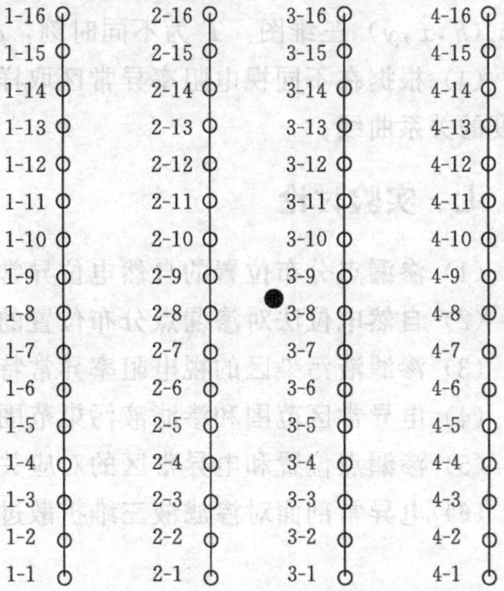

图27-6　三维电极系布设

(5) 在设置的防渗系统中人为布设渗漏点，采用在防渗层上方堆埋生活垃圾产生渗滤液的方式或直接注入渗滤液的方式使渗滤液通过渗漏点浸入下伏土体。

(6) 利用布设的观测系统重复步骤（4）的观测过程。

(7) 随着渗滤液持续浸入土体，定期重复上述观测过程，直到渗滤液停止浸入。重复观测间隔要和渗滤液浸入速度匹配。

(8) 停止注入渗滤液，持续定期观测，在初期可保持较短时间，随浸入时间延长，观测间隔相应增长。直到测试数据保持稳定。

(9) 将采集数据导出，利用专门的数据处理软件（如Surfer软件）绘制不同时期监测范围内自然电位等值线，不同时期不同深度土层横向视电阻率剖面，圈定电异常区。

(10) 根据电异常剖面分布特征，分别在电异常区和正常区取土样，测试土样中渗滤液所含主要污染物的浓度。分析电异常剖面对实际污染区的反映能力。

五、注意事项

(1) 在试验槽内布设电极系时，要考虑试验槽的边界效应对实验结果的影响，电极系内电极和槽壁的最小距离要大于最大电极距。

(2) 用线状电极观测时，电极的入土深度要小于电极距的1/4，以保证供电、测量都满足点电源理论。

(3) 供电测量时，要采用电流供电方式。

六、实验结果

(1) 绘制自然电位等值线。根据不同时期的测量结果绘制 $T\text{-}\Delta V(X,Y)$ 等值线。T 为不同时期，$\Delta V(X,Y)$ 为不同坐标位置测得的自然电位梯度值。

（2）绘制不同深度的视电阻率横向剖面图。根据探测结果绘制不同电极距深度范围的视电阻率剖面图 $H(n_a)$-$\rho_a(x,y)$。$H(n_a)$ 为利用电极距 n_a 表示的深度，$\rho_a(x,y)$ 表示对应深度上横向不同位置测得的视电阻率值。

（3）绘制不同时期地下三维视电阻率剖面图。根据不同时期视电阻率探测结果绘制 T-$\rho_a(h,x,y)$ 三维图。T 为不同时刻，$\rho_a(h,x,y)$ 为探测区三维视电阻率分布。

（4）根据在不同视电阻率异常区取样化学分析结果，绘制视电阻率值和对应主要污染物浓度的关系曲线。

七、实验讨论

（1）渗漏点分布位置的自然电位异常特征。

（2）自然电位法对渗漏点分布位置的反映能力。

（3）渗滤液污染区的视电阻率异常特征。

（4）电异常区范围和渗滤液污染范围的对应关系。

（5）渗漏点位置和电异常区的对应关系。

（6）电异常剖面对渗滤液三维扩散过程的反映能力。

实验二十八　生活垃圾卫生填埋场封场设置

一、实验目的

封场是生活垃圾卫生填埋场建设中的一个重要环节，其目的在于以下几点。

（1）防止雨水大量下渗，造成填埋场收集到的渗滤液体积剧增，加大渗滤液处理的难度和投入。

（2）避免垃圾降解过程中产生的有害气体和臭气直接释放到空气中造成空气污染。

（3）避免有害固体废物直接与人体接触。

（4）阻止或减少蚊蝇的滋生。

（5）封场覆土上栽种植被，进行复垦或作其他用途。

封场质量的高低对于填埋场能否处于良好的封闭状态、封场后的日常管理与维护能否安全进行、后续的终场规划能否顺利实施有至关重要的影响。

本实验根据生活垃圾卫生填埋场终场覆盖系统的基本要求，在实验室内按照 10∶1 的比例搭建缩小模型，让学生感性地了解生活垃圾卫生填埋场终场覆盖系统中各结构层的功能、材料及厚度。

二、实验原理

现代化填埋场的终场覆盖应由五层组成，从上至下为：表层、保护层、排水层、防渗层（包括底土层）和基础层/气体收集层（图 28-1）。其中排水层和排气层不是必须要有，应根据具体情况来确定。

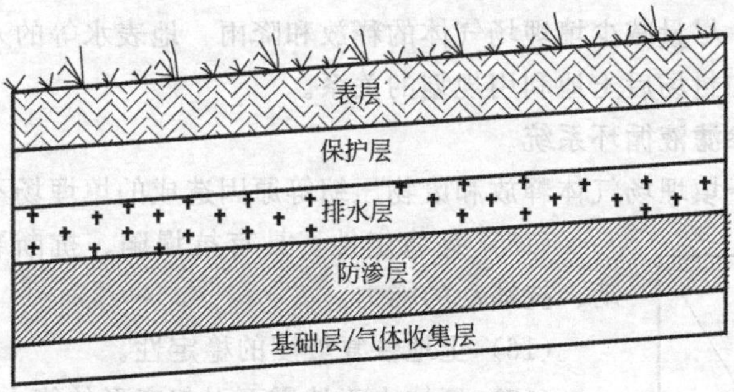

图 28-1　填埋场终场覆盖系统

表 28-1 中列出了各个结构层的作用、材料和使用条件。

表 28-1　填埋场终场覆盖系统

结构层	主要功能	常用材料	备注
表层	取决于填埋场封场后的土地利用规划，能生长植物并保证植物根系不破坏下面的保护层和排水层，具有抗侵蚀等能力，可能需要地表排水管道等	可生长植物的土壤以及其他天然土壤	需要有地表水控制层，厚度一般不小于 50cm

续表

结构层	主要功能	常用材料	备注
保护层	防止上部植物根系以及挖洞动物对下层的破坏，保护防渗层不受干燥收缩、冻结解冻等破坏，防止排水层的堵塞，维持稳定	土壤、矿化垃圾及带有土工布渗滤层的卵石	需要有保护层，保护层和表层有时可以合并使用一种材料，厚度为10～30cm
排水层	排泄入渗进来的地表水等，降低入渗层对下部防渗层的水压力，还可以有气体导排管道和渗滤液回收管道等	砂、砾石、土工网格、土工合成材料、土工布	此层并非是必需的，只有当通过保护层入渗的水量较多或者对防渗层的渗透压力较大时才是必要的。其最小透水率为10^{-2}cm/s，倾斜度一般≥3‰，厚度在30cm左右
防渗层	防止入渗水进入填埋废物中，防止填埋气体逸出	压实黏土、柔性膜、人工改性防渗材料和复合材料等	需要有防渗层，通常有保护层、柔性膜和土工布来保护防渗层，常用复合防渗层。防渗层的渗透系数要求$K \leqslant 10^{-7}$cm/s，铺设坡度≥2‰，厚度至少40cm
排气层	控制填埋气体，将其导入填埋气体收集设施进行处理或利用	砂、土工网格、土工布	只有当废物产生大量填埋气体时才是必需的。厚度介于30～50cm之间

在设计填埋场终场覆盖系统时，应主要考虑以下因素。

(1) 能够经受气候的极端化，如冷-热、湿-干、冻结-解冻等。

(2) 能够经受天然风化力如水和风等的侵蚀。

(3) 所需材料的可行性。

(4) 车辆进出道路和人行道路的建设。

(5) 在填埋场作业中，可能要使用完工后的填埋单元，如堆放覆盖土或通过运输车辆等，如果需要如此，盖层的设计要使其具有这种能力。

(6) 地表水排水系统。

(7) 系统的寿命。

(8) 安装气体抽排井和收集管道系统。

(9) 安装渗滤液收排系统井孔和管道。

(10) 地形设计需要。

(11) 低渗透性，尽量减少填埋场气体的释放和降雨、地表水等的入渗。

(12) 分期建设和封场后土地利用规划的关系。

(13) 可能需要渗滤液循环系统。

(14) 有抵抗由于填埋场气体释放和废物压缩等原因造成的填埋场不均匀沉降能力。

(15) 有稳定性，具有抗塌陷、抗断裂和边坡失稳、抗滑动、抗蠕动的能力。

(16) 土地恢复坡度的稳定性。

(17) 抵抗由于地震而引起变形的能力。

(18) 必须经得起由于填埋场气体作用而造成的对盖层物质的改变。

(19) 地表植被根系以及挖洞动物、蚯蚓、昆虫等的破坏。

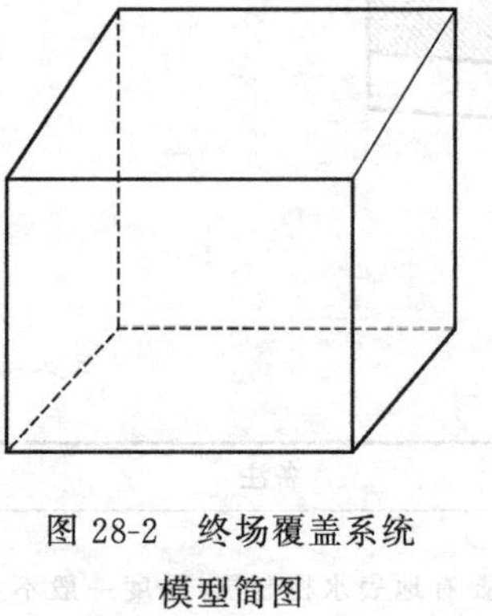

图 28-2 终场覆盖系统模型简图

三、实验材料

(1) 准备若干个透明有机玻璃模型（30cm×20cm×25cm），如图 28-2 所示。

（2）终场覆盖系统中各层常用的材料，如天然土壤、矿化垃圾、带有土工布渗滤层的卵石、砂、砾石、土工网格、土工合成材料、土工布、压实黏土、柔性膜和复合材料等。

四、实验步骤

（1）在实验室内准备各结构层的覆盖材料。

（2）以透明有机玻璃模型为主体，根据生活垃圾卫生填埋场实际的终场覆盖系统结构，按照 10∶1 比例，构建终场覆盖系统的缩小版。

五、实验结果

用数码相机拍下每人搭建的终场覆盖系统缩小模型，作为实验报告结果。最后由指导教师对其点评。

六、实验结果讨论

（1）根据实际情况的不同，可以搭建不同的终场覆盖系统，这些不同的系统有什么优缺点？各自适合何种情况？

（2）针对某一具体填埋场（特定的气候、附近可提供的覆盖材料），找出一种最优的终场覆盖系统。

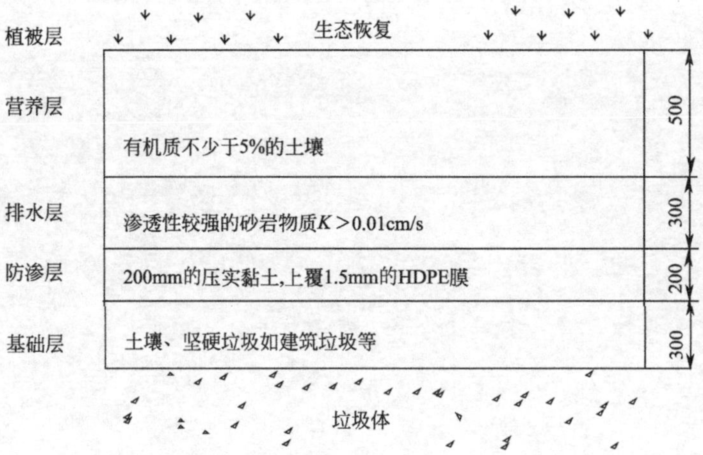

图 28-3　深圳市玉龙坑填埋场终场覆盖系统（单位：mm）

七、实例介绍

深圳市玉龙坑垃圾填埋场被称为我国垃圾填埋场封场示范工程。玉龙坑填埋场的覆盖系统参照国外的模式分为四层（图 28-3），从上到下依次为：营养层、排水层、防渗层、基础层。营养层厚 50cm，由有机质含量大于 5％的土壤组成，用于栽种植被。排水层厚 30cm，由渗透系数大于 10^{-2}cm/s 的砂岩物质组成。防渗层采用复合防渗层，1.5mm 的 HDPE 膜敷设在 20cm 的压实黏土上。缓冲层厚 30cm，由土壤、坚硬垃圾如建筑垃圾等组成。由于这是国内首次将复合防渗层应用于终场覆盖的垃圾填埋场，其性能和稳定性还有待于进一步观察研究。

植被层根据需要布置为观果区、观叶区、观景区、草坪观赏活动区、松柏浴场区、周坡灌草带等。

营养层有机质含量大于5%，厚度不小于30cm，坡度不能太陡，否则不利于土壤持水和表层植物的生长。一般该层渗透系数大于50cm/d。

排水层用于收集通过营养层下渗的雨水和保护阻隔层。一般来说，各种外在因素如非均匀沉降、水流侵蚀、表层植物根系侵入等会破坏阻隔层，所以排水层避免了阻隔层同营养层直接接触，对阻隔层起到了一定的缓冲保护作用。

防渗层主要是为了阻止雨水渗入垃圾体中，在一定程度上也能防止填埋气体通过土壤孔隙的迁移扩散，因此阻隔层要求密封性好，整体性好。阻隔层材料主要有HDPE膜、膨润土板、黏土等几种。

基础层对整个覆盖系统起支撑、稳定作用。厚度为30～50cm，覆盖材料可为土壤、砂砾，甚至某些坚硬垃圾，如建筑垃圾等。基础层孔隙一般很大，填埋气体会沿着整个基础层而迁移。鉴于它的导气作用，有时基础层也可设计为排气层。

实验二十九　矿化垃圾的表征

一、实验目的

卫生填埋场中的垃圾经过若干年后可基本上达到稳定化状态，此时，填埋场中的垃圾可考虑利用。填埋场中的垃圾何时可以开采利用，取决于填埋场所在地区的气候条件、垃圾组成等因素。一般来说，南方地区 8～15 年、北方地区 10～20 年即可开采。通常将填埋场内达到稳定化状态、可以开采的垃圾称为矿化垃圾。

由于矿化垃圾成分复杂，以及利用的需要，开采出的矿化垃圾首先进行筛分，开采和筛分是利用的第一步，它在很大程度上决定了以后的垃圾利用方式。通常，以干基计，矿化垃圾的有机质含量为 9%～15%，离子交换容量为 1.2～1.4mmol/g，细菌数为 $(1\sim9)\times10^6$ 个/g，pH 为近中性的 7.5，饱和水力渗透系数为 1～1.3cm/min，吸附比表面积为 $5\sim6m^2/g$，总氮为 0.5%，总磷和总钾均在 1%左右。矿化垃圾不仅是一种良好的污水生物处理介质，也属于高营养分土壤，保肥能力和缓冲性强，可作为有机肥料用于园林绿化。

本实验通过对矿化垃圾性质的研究，主要达到以下目的。

(1) 明确矿化垃圾的概念，并在不同筛分粒径下矿化垃圾物理性质和水力学性质分析测试的基础上，对细料的化学性质、浸出毒性和重金属含量等基本特性展开研究。

(2) 了解矿化垃圾的用途。

二、实验原理

1. 不同筛分粒径矿化垃圾的物理性质

矿化垃圾的物理性质主要包括矿化垃圾的外观组成和性状、结构和质地、含水率、密度、容重、孔隙度和颗粒均匀程度等。

2. 不同筛分粒径矿化垃圾的水力学性质

矿化垃圾具有类似土壤的水滞纳和传输能力，是其可用作污水处理介质的前提。用于描述其水力学性质的重要参数有渗透系数（也称饱和水力传导率）、入渗速度、给水度、持水度等。

渗透系数的大小与矿化垃圾的质地结构、孔隙大小、颗粒级配等因素有关。根据达西方程，当入渗深度与水头差相等时，入渗速度（稳定入渗率）与渗透系数相等；给水度和持水度反映了多孔介质滞纳和排水的能力。

3. 矿化垃圾的化学性质

矿化垃圾重要的化学性质有 pH、有机质（OM）含量、阳离子交换量（CEC）、总氮（TN）、总磷（TP）、总钾（TK）、电导率（Cond）、氧化还原电位（ORP）等。

pH 将影响微生物的生长、某些重金属和微量元素在床层中的吸持量，随着酸度的增加，一般重金属和微量元素的溶解量也相应增加；有机质能改善填料的孔隙度、通气性和结构性，有显著的缓冲作用和持水力，是微生物、土壤酶和矿物质的有机载体；CEC 反映了填料的阳离子交换性能，由矿化垃圾胶体表面的性质所决定，对于结合各种对环境有不利影响的金属阳离子和水解性酸有重要作用；而丰富的 TN、TP 和 TK 含量是微生物进行生理生化作用，转化污染物的重要动力；土壤氧化还原环境是影响微生物活性的重要因素，良好的土壤氧化环境有利于地下渗滤系统中微生物的生长繁殖和对污染物质的有效去除，而土壤还原环境会抑制微生物的活性，不利于污染物的去除。

三、实验步骤

(一) 矿化垃圾物理性质的测定

按照多点采样、混合分析的原则，首先用 40mm、15mm、6mm、2mm 和 1mm 五组孔径分级筛分别对所取垃圾进行粗分，得到相关的筛下物，计算其筛分效率；然后依次测定其含水率、容重（ρ_b）、密度（ρ），计算其孔隙度（$e=1-\rho_b/\rho$）；再基于每一粒径组成，进行颗粒级配分析，计算其均质程度；最后借鉴美国土壤学中的规定，粗略按其质地分类，以比较矿化垃圾不同筛分粒径上物理性质变化。

1. 含水率测定（烘干法）

(1) 称样品（>1mm 风干样）10g 左右，置于已知质量的称皿中。

(2) 放入烘箱，在 105～110℃（温度过高，有机质易炭化散逸）温度下烘干至恒重（约 8h）。

(3) 取出放干燥器（干燥器中的干燥剂氯化钙或变色硅酸要常更换）中，冷却约 20min，立即称重。

(4) 同步骤 (2)、(3)，重复烘 3h，取出放干燥器中，冷却，立即再称重（两次重复之差不大于 3mg）。

(5) 结果计算。

① 以风干样为基数的水分分数（通常用于化学分析计算）如下：

$$W_{CF}=\frac{W_2-W_3}{W_2-W_1}\times 100\% \tag{29-1}$$

② 以烘干样为基数的水分分数如下：

$$W_{CH}=\frac{W_2-W_3}{W_3-W_1}\times 100\% \tag{29-2}$$

式中 W——含水率，%；

W_1——称皿重，g；

W_2——称皿＋风干样重，g；

W_3——称皿＋烘干样重，g。

2. 密度（ρ）**测定**

(1) 将比重瓶加蒸馏水至满，置恒温水浴中保温 15～20min，取出后用滤纸擦干比重瓶外壁。在分析天平上称重为 m_0(g)，精确至 0.001g，并记录当时的温度。

(2) 将比重瓶中水倒出一半，称风干样 10g，设为 m_1，其相当于含有质量为 m_2(g) 的烘干样，由漏斗加入瓶中，注意勿使土粒损失，应用蒸馏水洗涤漏斗至比重瓶中，置电热板上煮沸 0.5h，煮沸过程中要经常摇动比重瓶，驱逐土壤中空气，使样品和水更好地接触混合。冷却，加满水，置恒温水浴中保温 15～20min，取出后，用滤纸将比重瓶外部擦干，在分析天平上称重。精确至 0.001g，设为 m_3(g)。设蒸馏水的密度为 $\rho_水$(g/cm^3)，则可根据已知数据计算样品密度。

(3) 结果计算。密度 ρ(g/cm^3) 按下式计算：

$$\rho=\frac{m_2}{m_2-(m_3-m_0)}\rho_水 \tag{29-3}$$

3. 容重（ρ_b）测定（环刀法）

(1) 将环刀托放在已知质量的环刀上，环刀内壁稍涂上凡士林，将环刀刃口向下垂直压入土中，直至环刀筒中充满样品为止。环刀压入时要平稳，用力一致。

(2) 用削土刀托放在已知质量的环刀上，将环刀刃口向下垂直压入土中，直至环刀筒中充满样品为止。环刀压入时要平稳，用力一致。

(3) 用削土刀切开环刀周围的样品，取出已装满土的环刀，细心削去环刀两端多余的样，并擦净环刀外缘。环刀两端立即加盖，以免水分蒸发。随即称重（精确到 0.01g）并记录。

(4) 同时在同层采样处，用铝盒采样，测定样品自然含水率。或者直接从环刀筒中取出样品，测定含水率。

(5) 结果计算。

① 环刀容积按下式计算：

$$V=\pi r^2 h \tag{29-4}$$

式中 V——环刀容积，cm^3；

r——环刀内半径，cm；

h——环刀高度，cm。

② 容重按下式计算：

$$\rho_b=G\times100/[V\times(100+W)] \tag{29-5}$$

式中 ρ_b——容重，g/cm^3；

G——环刀内湿样重，g；

V——环刀容积，cm^3；

W——样品含水率，%。

不同筛分粒径矿化垃圾的物理性质记录可参见表 29-1。

表 29-1 不同筛分粒径矿化垃圾的物理性质

项目	粒径范围				
	$d=40$mm	$d=15$mm	$d=6$mm	$d=2$mm	$d=1$mm
筛分效率(质量分数)/%					
容重 ρ_b/(g/cm^3)					
密度 ρ/(g/cm^3)					
孔隙度/%					
含水率(质量分数)/%					
质地分类					
外观物理性状描述					

（二）矿化垃圾水力学性质的测定

利用 ϕ10cm×100cm 的有机玻璃柱，分别装填筛分粒径小于 40mm、15mm、6mm、2mm 和 1mm 的矿化垃圾，使用在土地快速渗滤系统中的测试方法（筒测法），得到不同筛分粒径矿化垃圾的水力学性质。

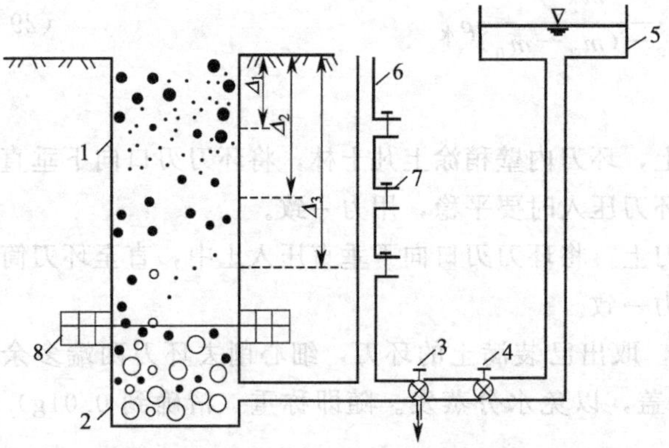

图 29-1　筒测法装置示意图

1—试验测筒；2—滤料池；3—排水阀；4—供水阀；5—供水水箱；6—测压管；7—排水口；8—法兰盘

筒测法是使用一种特制的简易测筒，筒内盛入原状土，然后设法让筒内原状土达到饱和，进而使之在重力作用下自由排水，从而测定排除的水量，借以推求原状土的给水度。

筒测法装置如图 29-1 所示。试验筒为一个直径 27.7cm、高 64cm 的无底圆柱形金属筒，其中盛装欲测试的原状土样。测筒下部为一个封底滤料池，其直径为 27.7cm，高为 24cm，其上安放滤网，盛装反滤层。试验测筒 1 和滤料池 2 由法兰盘 8 相连。滤料池的底部侧向装有出水管，并有排水阀 3 控制出水量，出水管上方装有测压管 6，并有排水口 7 控制和调节测压管中水位。供水水箱 5 的位置要高于试验测筒，供水水箱底部装有供水管，并有供水阀 4 控制其供水量。

不同筛分粒径矿化垃圾的水力学性质记录可参见表 29-2 的格式记录。

表 29-2　不同筛分粒径矿化垃圾的水力学性质

水力学性质	粒径范围					
	d=40mm	d=15mm	d=6mm	d=2mm	d=1mm	粗砂土
渗透系数/(cm/min)						1.5～6.4
给水度/%						28.5～37.5
持水度/%						4.0～8.5

（三）矿化垃圾化学性质的测定

1. pH 测定（电位测定法）

（1）试剂　1mol/L 氯化钾溶液，配制方法是：称取氯化钾 74.6g 溶于 400mL 蒸馏水中，用 10%氢氧化钾和盐酸调节至 pH 5.5～6.0，然后稀释至 1L。

（2）样品水浸提液 pH（活性酸）的测定　称取 5g 风干样品（通过 1mm 即 18 号筛孔）置于 50mL 烧杯中，用量筒加 25mL 无二氧化碳蒸馏水，搅拌 1min（最好用磁力搅拌器）使样品充分散开，放置 1h（此时应避免空气中有氨及挥发性酸），然后以 pHS-2 型酸度计测定 pH。

（3）样品的氯化钾（盐浸提）液 pH（潜在酸）的测定　当水浸提液的 pH＜7 时才测定。测定方法，除以 1mol/L 氯化钾溶液（pH 5.5～6.0）代替无二氧化碳蒸馏水外，其他同上。

2. 有机质含量测定（重铬酸钾法）

（1）试剂

① 邻菲咯啉指示剂　称取 $FeSO_4 \cdot 7H_2O$ 0.700g 和邻菲咯啉 1.490g 溶于 100mL 水中，此时试剂与硫酸亚铁形成红棕色配合物。此指示剂易变质，应密闭保存于棕色瓶中备用。

② 0.4mol/L $K_2Cr_2O_7$ 的硫酸溶液　称取研细的 $K_2Cr_2O_7$ 39.23g 溶于 600～800mL 蒸馏水中，必要时可加热，待完全溶解并冷却后，加水稀释至 1L，将此溶液移至 2L 容量瓶中，缓缓加入相对密度为 1.84 的浓 H_2SO_4 1L，并不断搅动，冷却后，定容，摇匀后，放入棕色试剂瓶中。此溶液的准确浓度以 $FeSO_4$ 标准溶液标定。

③ $K_2Cr_2O_7$ 标准溶液　称取经 130℃烘 1.5h 的优级纯 $K_2Cr_2O_7$ 9.807g，先用少量水溶解，然后移入 1L 容量瓶内，加水定容。此溶液浓度 $c(1/6K_2Cr_2O_7)$ 为 0.2000mol/L。

④ $FeSO_4$ 标准溶液　称取 $FeSO_4 \cdot 7H_2O$ 56g 溶于 600～800mL 水中，加浓 H_2SO_4 20mL，然后，加水定容至 1L（必要时过滤），贮于棕色瓶中保存。此溶液易受空气氧化，使用时准确浓度以 $K_2Cr_2O_7$ 标准试剂标定。

（2）测定步骤

① 称取制备好的风干试样 0.05～0.5g，精确到 0.0001g。置于 150mL 锥形瓶中，加粉末状的硫酸银 0.1g，然后用自动调零滴定管，准确加入 0.4mol/L $K_2Cr_2O_7$ 的硫酸溶液 10mL摇匀。

② 将装有试样的锥形瓶安装一只简易空气冷凝管，移至已预热到 200～230℃的电砂浴上加热，当简易空气冷凝管下端落下第一滴冷凝液，开始计时，消煮（5±0.5）min。

③ 消煮完毕后，将锥形瓶从电砂浴上取下，冷却片刻，用水冲洗冷凝管内壁及其底端外壁，使洗涤液流入原锥形瓶，瓶内溶液的总体积应控制在 60～80mL 为宜，加 3～5 滴邻菲咯啉指示剂，用 $FeSO_4$标准溶液滴定剩余的 $K_2Cr_2O_7$。溶液的变色过程是先由橙黄色变为蓝绿色，再变为棕红色，即达终点。如果试样滴定所用的 $FeSO_4$ 标准溶液的毫升数不到空白标定所耗 $FeSO_4$ 标准溶液的毫升数的 1/3 时，则应减少称样量，重新测定。

④ 每批试样测定必须同时做 2～3 个空白标定。取 0.500g 粉末状二氧化硅代替试样，其他步骤与试样测定相同，取其平均值。

⑤ 结果计算。有机质含量按下式计算：

$$X=[(V_0-V)\times10^{-3}\times c_2\times0.003/m]\times1.724\times100\% \tag{29-6}$$

式中　X——有机质含量，%；

V_0——空白滴定时消耗硫酸亚铁标准溶液的体积，mL；

V——测定试样时消耗硫酸亚铁标准溶液的体积，mL；

c_2——硫酸亚铁标准溶液的浓度，mol/L；

m——烘干试样的质量，g；

0.003——1/4 碳原子的摩尔质量，g/mol；

1.724——由有机碳换算为有机质的系数。

3. 阳离子交换量测定（快速法）

（1）试剂

① 氯化钡溶液　称取 60g 氯化钡（$BaCl_2 \cdot 2H_2O$）溶于水中，转移至 500mL 容量瓶中，用水定容。

② 1g/L 酚酞指示剂　称取 0.1g 酚酞（纯度 99%）溶于 100mL 乙醇中。

③ 硫酸溶液（0.1mol/L）　移取 5.36mL 浓硫酸至 1000mL 容量瓶中，用水稀释至刻度。

④ 氢氧化钠标准溶液（约 0.1mol/L）　称取 2g 氢氧化钠（优级纯）溶解于 500mL 煮沸后冷却的蒸馏水中。其浓度需要标定。

标定方法是：各称取两份 0.5000g 邻苯二甲酸氢钾（优级纯，预先在烘箱中 105℃烘干）置于 250mL 锥形瓶中，加 100mL 煮沸后冷却的蒸馏水溶解，再加 4 滴酚酞指示剂，用配制好的氢氧化钠标准溶液滴定至淡红色。再用煮沸后冷却的蒸馏水做一个空白实验，并从滴定邻苯二甲酸氢钾的氢氧化钠溶液的体积中扣除空白值。计算公式如下：

$$N_{\mathrm{NaOH}}=\frac{W\times 1000}{(V_1-V_0)\times 204.23} \tag{29-7}$$

式中　W——邻苯二甲酸氢钾的质量，g；

V_1——滴定邻苯二甲酸氢钾消耗的氢氧化钠体积，mL；

V_0——滴定蒸馏水空白消耗的氢氧化钠体积，mL；

204.23——邻苯二甲酸氢钾的摩尔质量，g/mol。

（2）测定步骤　取 4 只 100mL 离心管，分别称出其质量（准确至 0.0001g，下同）。在其中 2 只加入 1.0g 表层风干样品，其余 2 只加入 1.0g 深层风干样品，并做标记。向各管中加入 20mL 氯化钡溶液，用玻璃棒搅拌 4min 后，以 3000r/min 转速离心至下层样品紧实为止。弃去上清液，再加 20mL 氯化钡溶液，重复上述操作。

在各离心管内加 20mL 蒸馏水，用玻璃棒搅拌 1min 后，离心沉降，弃去上清液。称出离心管连同样品的质量。移取 25.00mL 0.1mol/L 硫酸溶液至各离心管中，搅拌 10min 后，放置 20min，离心沉降，将上清液分别倒入 4 只试管中。再从各试管中分别移取 10.00mL 上清液至 4 只 100mL 锥形瓶中。同时，分别移取 10.00mL 0.1mol/L 硫酸溶液至另外 2 只锥形瓶中。在这 6 只锥形瓶中分别加入 10mL 蒸馏水、1 滴酚酞指示剂，用氢氧化钠标准溶液滴定，溶液转为红色并数分钟不褪色为终点。

（3）结果计算　阳离子交换容量按下式计算：

$$\mathrm{CEC}=\frac{[A\times 25-B\times(25+G-W-W_0)]\times N}{W_0\times 10}\times 1000 \tag{29-8}$$

式中　CEC——阳离子交换量，cmol/kg；

A——滴定 0.1mol/L 硫酸溶液消耗氢氧化钠标准溶液体积，mL；

B——滴定离心沉降后的上清液消耗氢氧化钠标准溶液体积，mL；

G——离心管连同样品的质量，g；

W——空离心管的质量，g；

W_0——称取样品的质量，g；

N——氢氧化钠标准溶液的浓度，mol/L。

4. 总氮测定（半微量开氏法）

（1）试剂

① 20g/L 硼酸溶液　称取硼酸 20.00g 溶于水中，稀释至 1L。

② 10mol/L 氢氧化钠溶液　称取 400g（工业用或化学纯）氢氧化钠溶于水中，稀释至 1L。

③ 0.01mol/L 盐酸标准溶液　配制方法是：量取 9mL 盐酸，注入 1L 水中，此盐酸的标准溶液浓度为 0.1mol/L，并对此标准溶液进行标定。将已标定的 0.1mol/L 的盐酸标准溶液用水稀释 10 倍，即为 0.01mol/L 的标准溶液。即准确吸取 0.1mol/L 盐酸标准溶液 10mL 到 100mL 容量瓶中，用水定容。必要时可对稀释后的盐酸标准溶液进行重新标定。

标定方法是：称取 0.2g（精确至 0.0001g）于 270～300℃灼烧至恒重的基准无水碳酸钠（分析纯），溶于 50mL 水中，加 10 滴溴甲酚绿-甲基红混合指示剂，用 0.1mol/L 盐酸溶液滴定至溶液由绿色变为暗红色，煮沸 2min，冷却后继续滴定直至溶液呈暗红色。同时做空白实验。盐酸标准溶液准确浓度按下式计算：

$$C=m/[(V_1-V_2)\times 0.05299] \quad (29\text{-}9)$$

式中　C——盐酸标准溶液浓度，mol/L；

m——称取无水碳酸钠的质量，g；

V_1——盐酸溶液用量，mL；

V_2——空白实验盐酸溶液用量，mL；

0.05299——$\frac{1}{2}Na_2CO_3$ 的毫摩尔质量，g/mmol。

④ 混合指示剂　称取 0.5g 溴甲酚绿和 0.1g 甲基红于玛瑙研钵中，加入少量 95%乙醇，研磨至指示剂全部溶解后，加 95%乙醇至 100mL。

⑤ 硼酸-指示剂混合溶液　每升 2%硼酸溶液中加 20mL 混合指示剂，并用稀碱或稀酸调至紫红色（pH 约 4.5）。此溶液放置时间不宜过长，如在使用过程中 pH 有变化，需随时用稀酸或稀碱调节。

⑥ 加速剂　称取 100g 硫酸钾（化学纯）、10g 硫酸铜（$CuSO_4 \cdot 5H_2O$，化学纯）、1g 硒粉（化学纯）于研钵中研细，充分混合均匀。

⑦ 高锰酸钾溶液　称取 25g 高锰酸钾（化学纯）溶于 500mL 水中，贮于棕色瓶中。

⑧ 1+1 硫酸溶液　浓硫酸和水的比例相同。

⑨ 还原铁粉　磨细通过 0.149mm 孔径筛。

(2) 测定步骤

① 称样　称取通过 0.25mm 孔径筛的风干试样 0.5～1.0g（含氮约 1mg，精确至 0.0001g）。

② 不包括硝态和亚硝态氮的样品消煮　将试样送入干燥的开氏瓶底部，加入 1.8g 加速剂，加水 2mL 润湿试样，再加 5mL 浓硫酸，摇匀。将开氏瓶倾斜置于变温电炉上，低温加热，待瓶内反应缓和时（10～15min），提高温度使消煮的试液保持微沸，消煮温度以硫酸蒸气在瓶颈上部 1/3 处回流为宜。待消煮液和试样全部变为灰白稍带绿色后，再继续消煮 1h。冷却，待蒸馏。同时做两份空白测定。

③ 包括硝态和亚硝态氮的样品消煮　将试样送入干净的开氏瓶底部，加 1mL 高锰酸钾溶液，轻轻摇动开氏瓶。缓缓加入 2mL 1+1 硫酸溶液，转动开氏瓶。放置 5min 后，再加入 1 滴辛醇。通过长颈漏斗将 0.5g 还原铁粉送入开氏瓶底部，瓶口盖上小漏斗，转动开氏瓶，使铁粉与酸接触，待剧烈反应停止时（约 5min），将开氏瓶置于电炉上缓缓加热 45min（瓶内试液应保持微沸，以不引起大量水分损失为宜），停止加热，待开氏瓶冷却后，通过长颈漏斗加 1.8g 加速剂和 5mL 浓硫酸，摇匀。按上述步骤②，消煮至试液完全变为黄绿色，再继续消煮 1h，冷却，待蒸馏。同时做两份空白实验。

④ 氨的蒸馏　蒸馏前先检查蒸馏装置是否漏气，并通过水的馏出液将管道洗净（空蒸）。待消煮液冷却后，将消煮液全部转入蒸馏器内，并用少量水洗涤开氏瓶4～5次（总用水量不超过35mL），洗涤液移入150mL锥形瓶中，加入10mL 2%硼酸-指示剂混合液，放在冷凝管末端，管口置于硼酸液面以上2～3cm处，然后向蒸馏水瓶内加入20mL 10mol/L氢氧化钠溶液，通入蒸汽蒸馏，待馏出液体积约40mL时，即蒸馏完毕，用少量已调节至pH 4.5的水冲洗冷凝管的末端。

⑤ 滴定　用0.01mol/L盐酸标准溶液滴定馏出液，由蓝绿色滴定至刚变为红紫色。记录所用酸标准溶液的体积（mL）。空白测定滴定所用酸标准溶液的体积一般不得超过0.40mL。

（3）结果计算　总氮按下式计算：

$$TN=(V-V_0)\times c\times 0.014\times 1000/m \tag{29-10}$$

式中　TN——总氮，g/kg；

V——滴定试液时所用酸标准溶液的体积，mL；

V_0——滴定空白时所用酸标准溶液的体积，mL；

0.014——氮原子的毫摩尔质量，g/mmol；

c——酸的标准溶液浓度，mol/L；

m——烘干试样质量，g；

1000——换算成每千克含量。

5. 总磷测定

（1）试剂

① 100g/L碳酸钠溶液　10g无水碳酸钠溶于水后，稀释至100mL，摇匀。

② 5%（体积分数）硫酸溶液　吸取5mL浓硫酸（95.0%～98.0%，相对密度1.84）缓缓加入90mL水中，冷却后加水至100mL。

③ 3mol/L硫酸溶液　量取168mL浓硫酸缓缓加入盛有800mL左右水的大烧杯中，不断搅拌，冷却后，再加水至1000mL。

④ 二硝基酚指示剂　称取0.2g 2,6-二硝基酚溶于100mL水中。

⑤ 0.5%酒石酸锑钾溶液　称取化学纯酒石酸锑钾0.5g溶于100mL水中。

⑥ 硫酸钼锑贮备液　量取126mL浓硫酸，缓缓加入400mL水中，不断搅拌，冷却。另称取经磨细的钼酸铵10g溶于300mL温度约60℃的水中，冷却。然后将硫酸溶液缓缓倒入钼酸铵溶液中。再加入0.5%酒石酸锑钾溶液100mL，冷却后，加水稀释至1000mL，摇匀，贮于棕色试剂瓶中，此贮备液含钼酸铵1%，含硫酸2.25mol/L。

⑦ 钼锑抗显色剂　称取1.5g抗坏血酸（左旋，旋光度+21°～+22°）溶于100mL钼锑贮备液中。此溶液有效期不长，宜用时现配。

⑧ 磷标准贮备液　准确称取经105℃下烘干2h的磷酸二氢钾（优级纯）0.4390g，用水溶解后，加入5mL浓硫酸，然后加水定容至1000mL。该溶液含磷100mg/L，放入冰箱可供长期使用。

⑨ 5mg/L磷标准溶液　吸取5mL磷贮备液，放入100mL容量瓶中，加水定容。该溶液用时现配。

（2）测定步骤

① 熔样　准确称取风干样品 0.25g，精确到 0.0001g，小心放入镍（或银）坩埚底部，切勿沾在壁上。加入无水乙醇 3～4 滴，润湿样品，在样品上平铺 2g 氢氧化钠。将坩埚（处理大批样品时，暂放入大干燥器中以防吸潮）放入高温电炉，升温。当温度升至 400℃左右时，切断电源，暂停 15min。然后继续升温至 720℃，并保持 15min，取出冷却。加入约 80℃的水 10mL，待熔块溶解后，将溶液无损失地转入 100mL 容量瓶内，同时用 3mol/L 硫酸溶液 10mL 和水多次洗坩埚，洗涤液也一并移入该容量瓶。冷却，定容。用无磷定性滤纸过滤或离心澄清。同时做空白实验。

② 绘制校准曲线　分别吸取 5mg/L 磷标准溶液 0、2mL、4mL、6mL、8mL、10mL 于 50mL 容量瓶中，同时加入与显色测定所用的样品溶液等体积的空白溶液及二硝基酚指示剂 2～3 滴。并用 10%碳酸钠溶液或 5%硫酸溶液调节溶液至刚呈微黄色。准确加入钼锑抗显色剂 5mL，摇匀，加水定容，即得磷含量分别为 0、0.2mg/L、0.4mg/L、0.8mg/L 的标准溶液系列。摇匀，于 15℃以上温度放置 30min 后，在波长 700nm 处，测定其吸光度。在方格坐标纸上以吸光度为纵坐标，磷浓度（mg/L）为横坐标，绘制校准曲线。

③ 样品溶液中磷的定量测定　显色方法是：吸取待测样品溶液 2～10mL（含磷 0.04～1.0μg）于 50mL 容量瓶中，用水稀释至总体积约 3/5 处。加入二硝基酚指示剂 2～3 滴，并用 10%碳酸钠溶液或 5%硫酸溶液调节溶液至刚呈微黄色。准确加入 5mL 钼锑抗显色剂，摇匀，加水定容。在室温 15℃以上条件下，放置 30min。

比色方法是：显色的样品溶液在分光光度计上，用 700nm、1cm 光径比色皿，以空白实验为参比液调节仪器零点，进行比色测定，读取吸光度。从校准曲线上查得相应的磷含量。

(3) 结果计算　总磷按下式计算：

$$TP = C \times \frac{V_2}{V_3} \times \frac{V_1}{m} \times \frac{100}{100-H} \tag{29-11}$$

式中　TP——总磷，g/kg；

C——从校准曲线上查得待测样品溶液中磷含量，mg/L；

m——称取样品的质量，mg；

V_1——样品熔融后的定容体积，mL；

V_2——显色时溶液定容的体积，mL；

V_3——从熔样定容后分取的体积，mL；

$\frac{100}{100-H}$——以风干土计换算成以烘干土计的系数；

H——风干土中水分含量百分数。

6. 总钾测定

(1) 试剂

① 3mol/L 盐酸溶液　将 1 份盐酸（分析纯）与 3 份去离子水混匀。

② 氯化钠溶液（10g/L）　称取 25.4g $NaCl \cdot 5H_2O$（优级纯）溶于去离子水，稀释至 1L。

③ 钾标准溶液（1000mg/L）　准确称取在 110℃烘 2h 的氯化钾（基准纯）1.907g，用去离子水溶解后定容至 1L，混匀，贮于塑料瓶中。

④ 20g/L 硼酸溶液　称取 20.0g 硼酸（分析纯）溶于去离子水，稀释至 1L。

(2) 测定步骤

① 样品消解　称取通过 0.149mm 孔径筛的风干样约 0.1g，精确到 0.0001g，盛入铂坩埚或聚四氟乙烯坩埚中，加硝酸 3mL、高氯酸 0.5mL。置于电热砂浴或铺有石棉布的电热板上，于通风橱中加热至硝酸被赶尽，部分高氯酸分解出现大量的白烟，样品呈糊状时，取下冷却。用塑料移液管加氢氟酸 5mL，再加高氯酸 0.5mL，置于 200～225℃砂浴上加热使硅酸盐等矿物分解后，继续加热至剩余的氢氟酸和高氯酸被赶尽。停止冒白烟时，取下冷却。加 3mol/L 盐酸溶液 10mL，继续加热至残渣溶解。取下冷却，加 2% 硼酸溶液 2mL。用去离子水定量转入 100mL 容量瓶中，定容，混匀。此为土壤消解液。同时按上述方法制备试剂空白溶液。

② 校准曲线绘制　准确吸取 1000mg/L 钾标准溶液 10mL 于 100mL 容量瓶中，用去离子水稀释定容，混匀。此为 100mg/L 钾标准溶液。根据所用仪器对钾的线性检测范围，将 100mg/L 钾标准溶液用去离子水稀释成不少于五种浓度的系列标准溶液。定容前加入适量的氯化钠溶液和试剂空白溶液，使系列标准溶液的钠离子浓度为 1000mg/L，试剂空白溶液与土壤消解液等量。然后按仪器使用说明书进行测定，用系列标准溶液中钾浓度为零的溶液调节仪器零点。用方格坐标纸绘制校准曲线，或计算直线回归方程。

③ 钾的定量测定　吸取一定量的土壤消解液，用去离子水稀释至使钾离子浓度相当于钾系列标准溶液的浓度范围，此为土壤待测液。定容前加入适量的氯化钠溶液使钠离子浓度为 1000mg/L。然后按仪器使用说明书进行测定，用系列标准溶液中钾浓度为零的溶液调节仪器零点。从校准曲线查出或从直线回归方程计算出待测液中钾的浓度。

(3) 结果计算　总钾按下式计算：

$$TK = C \times \frac{V_2}{V_3} \times \frac{V_1}{m} \times \frac{100}{100-H} \tag{29-12}$$

式中　TK——总钾，g/kg；

C——从校准曲线上查得待测样品溶液中钾含量，mg/L；

V_1——样品熔融后的定容体积，mL；

V_2——显色时溶液定容的体积，mL；

V_3——从熔样定容后分取的体积，mL；

m——称取样品的质量，mg；

$\frac{100}{100-H}$——以风干土计换算成以烘干土计的系数；

H——风干土中水分含量百分数。

矿化垃圾的化学性质记录可参见表 29-3。

表 29-3　矿化垃圾的化学性质

pH	有机质含量/%	阳离子交换量/(cmol/kg)	电导率/(μS/cm)	TN/(g/kg)	TP/(g/kg)	TK/(g/kg)

注：TN 表示总氮，以 N 计；TP 表示总磷，以 P_2O_5 计；TK 表示总钾，以 K_2O 计。

(四) 矿化垃圾重金属的全量分析

(1) 制样　按规定方法选取矿化垃圾样品约 500g，风干一周后，在 65℃的恒温箱中干燥 24h，剔除石子、塑料、玻璃碎片等异物，用研钵研细，混匀通过 2mm 筛的土样用四分法缩分至约 100g 后，再用玛瑙研钵研磨至全部通过 100 目（0.149mm 孔径）筛，混匀后备用。

(2) 微波消解　精确称取 0.2500g 矿化垃圾样品置于微波消解罐中，加少许去离子水浸润样品，然后依次添加 6mL HNO_3、2mL HCl、2mL HF 和 1mL H_2O_2，按照既定程序进行微波消解约 1h。

(3) ICP-AES 分析　将消解后样品置于电热板上蒸到近干，赶除其中的 HF，然后以 2%的 HNO_3 稀释定容，用于测定分析。同时进行对照测定。

矿化垃圾中汞的测定采取冷原子吸收法进行。

重金属全量分析结果记录与《土壤环境质量标准》(GB 15618—1995) 上限值的比较可参见表 29-4。

表 29-4　矿化垃圾中主要重金属的全量分析

项目	As	Pb	Cr	Cd	Ni	Cu	Zn	Hg
矿化垃圾/(mg/kg)								
排放标准(GB 8978—1996)/(mg/kg)	400	500	300	1.0	200	400	500	1.5

(4) 矿化垃圾重金属的浸出毒性分析　本实验采取国家标准规定的水平振荡法，具体步骤为：取粒径 d 为 2mm 的风干样品 50g，置于 1L 的具塞广口聚乙烯瓶中，加入 500mL 去离子水后垂直固定在回转式摇床中，以 120r/min 的转速振荡浸取 8h、静置 16h 后取下，用砂芯漏斗过滤，收集得到全部滤出液，用 ICP-AES 进行分析。同时进行对照测定。

重金属的浸出毒性分析结果记录与《污水综合排放标准》(GB 8978—1996) 比较可参见表 29-5。

表 29-5　矿化垃圾中主要重金属的浸出毒性分析

项目	As	Pb	Cr	Cd	Ni	Cu	Zn	Hg
矿化垃圾/(mg/kg)								
土壤三级标准(GB 15618—1995)上限值/(mg/kg)	0.5	1.0	1.5	0.1	1.0	0.5	2.0	0.05

四、实验结果与讨论

(1) 影响以上指标测定的因素有哪些？表征矿化垃圾的指标还有哪些？

(2) 哪种粒径的矿化垃圾具有更好的应用效果？

实验三十 矿化垃圾反应床处理垃圾渗滤液实验

一、实验目的

通过构建矿化垃圾生物反应床，用其进行卫生填埋场垃圾渗漏液处理的实验，以求达到以下目的。

（1）了解矿化垃圾生物反应器处理渗滤液的效果。

（2）掌握矿化垃圾生物反应器处理废水的机理。

二、实验原理

矿化垃圾生物反应床，是指用矿化垃圾筛分细料（填埋龄≥10年，粒径≤40mm，含水率≤30%，无粗大物料和异味，细小塑料、碎玻璃、碎石头和无机颗粒等含量较少，细粒部分状似土壤类物质，色泽灰黑、有砂质感、颗粒蓬松分散、质粒较均匀）装填于各种构型的反应器（材质可为有机玻璃、硬质塑料、PVC板、竹木或金属框架、基建土坝等；横截面可为圆形、矩形或正方形；高度不定，一般大于0.5m）中，用于处理各种废水（主要指渗滤液）的装置。

矿化垃圾是在长期填埋过程中，历经好氧、兼氧和厌氧等复杂环境而逐渐形成的一种微生物数量庞大、种类繁多，水力渗透性能优良，多相多孔的废物。由于渗滤液的长期洗沥、浸泡和驯化，矿化垃圾各组分之间不断发生着各种物理、化学和生物作用，其中尤以多阶段降解型生物过程为主，这使其成为具有特殊新陈代谢性能的无机-有机复合生态系统。

因此，作为一种性能优越的生物介质，它具有较强的降解垃圾渗滤液（或其他高浓度有机废水）及抵抗高浓度重金属和其他有毒有害物质的能力。

矿化垃圾能够处理废水的原因之一，在于它不仅具有丰富的生物相，而且对废水中的污染物有与生俱来的亲和性，经驯化启动后，流经填料层的污染物即被矿化垃圾吸附、截留，并在微生物的作用下，进行生物降解，使其对有机物的吸附能力得到再生，如此循环下去，达到较好的净化效果。

原因之二是相对于新鲜垃圾而言，矿化垃圾是一类多孔松散、比表面积较大、富含腐殖质的特殊物质，在废水处理中，腐殖质所表现出的物理吸附作用，以及其中活性基团的离子交换、配合或螯合作用，对废水中的悬浮物质和金属离子有显著的净化作用。

原因之三是相对于一般土壤，矿化垃圾微生物生物量大、呼吸作用强、微生物熵和代谢熵高，而且其上附着有大量的活性酶（如过氧化氢酶、脱氢酶、转化酶、多酚氧化酶、纤维素酶、漆酶、磷酸酶等），这些氧化还原酶或水解酶活性高、适应性强，能迅速酶促降解污染物，加速各种生化过程顺利进行。

三、实验装置和材料

本实验所采用的实验装置如图30-1所示。反应床实验装置由内径15cm、高120cm的

PVC管材制成，并在不同的高度处设置取样孔。反应床中装填的是挖出后经筛分，剔除其中颗粒较大的石子、碎玻璃、未完全降解的橡胶、塑料以及木棒、纸类等杂物后的矿化垃圾，有效高度为100cm。反应床底端垫有孔径5mm的PVC板，其上装填高度10cm的碎石作为承托层，主要作用有两方面：一是起承托作用，把垃圾层架空，能维持较高的渗滤速率，使滤出水能顺畅排出，有利于渗滤过程的持续进行；二是通过渗滤液的排出和排水口空气的进入，促进矿化垃圾填料层与外界的气体交换，提高填料层内的溶解氧含量。碎石层主要起到承托垃圾及隔离垃圾、澄清出水及充氧的作用。喷洒装置可以采用多孔板使进水尽可能均匀地洒在填料表面上，本实验采用一般橡胶管钻上几个小孔。进水流量由蠕动泵控制，进出水均设有贮水池。

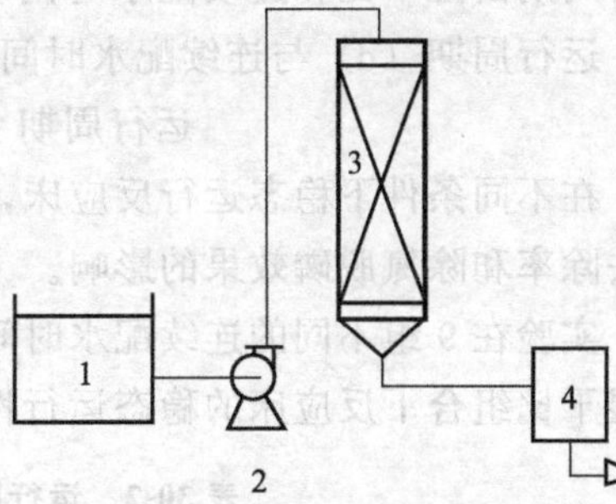

图30-1　矿化垃圾反应床

1—配水槽；2—进水泵；3—矿化垃圾反应床；4—出水槽

实验用渗滤液经泵提升至滤层顶部，通过喷洒装置淋下，穿过填料层由滤池底部排入贮水池。

实验用垃圾渗滤液取自本地区的生活垃圾卫生填埋场的厌氧池出水。

实验分析项目主要包括pH、COD、TN、NH_4^+-N和TP，具体分析测试方法（国家环境保护总局《水和废水检测分析方法编委会》，2002）见表30-1。

表30-1　水质分析项目和方法

序号	水质项目	测试方法
1	pH	玻璃电极法
2	COD	重铬酸钾法
3	TP	钼锑抗分光光度法
4	TN	碱性过硫酸钾消解紫外分光光度法
5	NH_4^+-N	纳氏试剂比色法

四、实验步骤

1. 矿化垃圾反应床的驯化

用生活污水对反应床进行微生物的培养和驯化，生活污水和活性污泥均取自该地污水处理厂，生活污水的水质如下：COD为250～300mg/L，NH_4^+-N为15～21mg/L，TP为3～9mg/L。培养和驯化期间采用配水和落干交替的方式运行，湿干比为1∶5，每日进水4L，连续进水4h。

微生物培养和驯化采用逐步提高渗滤液在混合进水中比例的方法。驯化开始时，生活污水作为进水，并添加活性污泥20mL，以丰富反应床中的微生物种类。随着时间的延长，每当COD去除率达到75%并稳定，逐渐提高进水中渗滤液的比例，直到进水100%是渗滤液，意味着反应床的微生物驯化阶段完成。

2. 矿化垃圾反应床处理渗滤液的小试研究

反应床以配水和落干交替的方式运行时，配水与落干交替进行一次构成一个循环周期，称为运行周期。周期内配水连续时间与停水落干连续时间之比称为湿干比，可用 R 表示。运行周期由湿干比和连续配水时间所决定，关系如式(30-1) 所示。可见，湿干比一定情况下，运行周期（d）与连续配水时间（h）成正比：

$$运行周期=(1+1/R)\times 连续配水时间/24 \tag{30-1}$$

在不同条件下稳态运行反应床，考察不同的连续配水时间、湿干比组合对渗滤液中有机物去除率和除氮脱磷效果的影响。

实验在 9 组不同的连续配水时间和湿干比下稳态运行反应床，考察不同的连续配水时间和湿干比组合下反应床的稳态运行性能。具体实验方案见表 30-2。

表 30-2 运行周期与连续配水时间、湿干比实验方案

湿干比	运行周期/d		
	连续配水时间 4h	连续配水时间 6h	连续配水时间 8h
1∶5	1	1.5	2
1∶8	1.5	2.25	3
1∶11	2	3	4

五、实验结果

为保证数据的可靠，每一组运行条件至少稳态运行两周以上，所列数据均取进入稳态运行后多次测定的平均值。每一组运行条件控制的配水速率均为 0.480cm/min。

不同运行条件下反应床对渗滤液 COD、TN 和 TP 的去除情况见表 30-3。

表 30-3 不同运行条件下渗滤液的处理效果

连续配水时间/h	湿干比	COD/(mg/L)		TN/(mg/L)		TP/(mg/L)	
		进水	出水	进水	出水	进水	出水
4	1∶11						
	1∶8						
	1∶5						
6	1∶11						
	1∶8						
	1∶5						
8	1∶11						
	1∶8						
	1∶5						

六、思考题

(1) 矿化垃圾中的腐殖酸提取率受什么因素的影响？

(2) 反应床进水负荷过高或过低对反应床的处理效率有什么影响？

实验三十一　矿化垃圾固定床穿透曲线的测定

一、实验目的与要求

固定床分离是常用的分离手段，被广泛应用于化工分离、生物分离等领域。矿化垃圾的多孔特性以及较大的离子交换容量使之成为良好的生物吸附介质。

通过本实验，主要实现以下目的。

(1) 掌握固定床穿透曲线和穿透点的概念。

(2) 掌握紫外分光光度法测定有机酚含量的方法。

(3) 了解穿透曲线对固定床设计的意义。

二、实验原理

1. 固定床吸附与穿透曲线

(1) 固定床吸附　吸附分离操作除了少数情况下采用间歇搅拌外，一般多采用固定床吸附设备——吸附柱或吸附塔。吸附柱内填充固相吸附介质，料液连续输入吸附柱中，溶质被吸附剂吸附。从吸附柱入口开始，吸附剂的溶质吸附浓度不断上升，达到饱和吸附浓度 q_0 [q_0 与入口料液浓度 c_0 相平衡，即 $q_0=f(c_0)$]。当吸附柱内全部吸附剂的溶质吸附接近饱和时，溶质开始从柱中流出，出口浓度逐渐上升，最后达到入口料液的溶质浓度，即吸附达到完全饱和。此时，若继续输入料液，则输入的溶质全部流出吸附柱。

(2) 穿透曲线　吸附过程中吸附柱出口溶质浓度的变化曲线称为穿透曲线（图 31-1）。其中出口处溶质浓度开始上升的点称为穿透点，达到穿透点所用的操作时间称为穿透时间。由于穿透点难以准确测定，故一般习惯上将出口浓度达到入口浓度 5%～10%的时间称为穿透时间。穿透曲线可以很好地表征固定床的吸附效果，并指导吸附操作的进程。

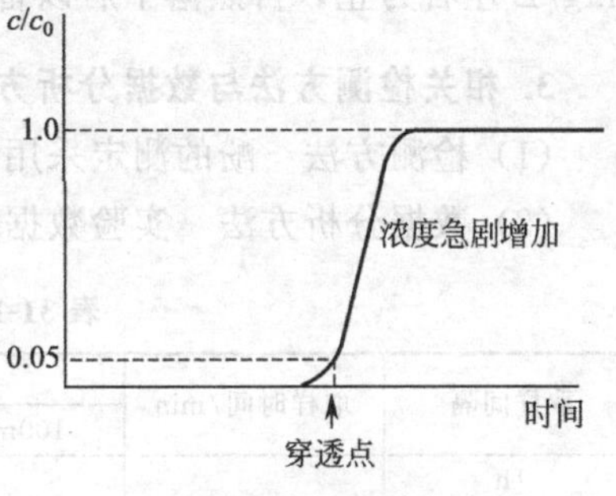

图 31-1　穿透曲线

2. 穿透曲线的预测的研究进展

在恒定图式假设理论和等温吸附模型的基础上，可发展预测矿化垃圾固定床吸附的穿透曲线的数学模型。所建模型可用于低浓度范围内预测其他情况下的穿透曲线。不同流速及吸附温度条件下动态吸附穿透曲线数学模拟分析表明，赵天涛等已提出的固定床吸附数学模型能很好地用于矿化垃圾固定床对焦化废水中有机酚吸附穿透曲线的数学模拟。该固定床吸附数学模型为预测固定床吸附焦化废水中苯酚达到安全穿透点时间及矿化垃圾固定床吸附容量提供了一种可靠、便捷的方法。

三、实验材料和设备

本实验选取上海老港垃圾填埋场已填埋10年的垃圾，取4mm筛下和2mm筛上垃圾颗粒，经仔细分选，剔除其中的石子、碎玻璃、未完全降解的橡胶和塑料等杂物后作为吸附剂。

苯酚等试剂均为分析纯。

主要设备和仪器：蠕动泵；色谱柱；紫外分光光度计；电子天平；50mL 比色管；10mm 比色皿。

四、实验步骤

1. 固定床的装配

用多根内径为18mm、长度为20cm的色谱柱，分别加入10～15g处理过的矿化垃圾，将300mL不同浓度的酚溶液（100mg/L、200mg/L、300mg/L、400mg/L、500mg/L）装于锥形瓶中，酚溶液通过蠕动泵以恒定的转速（2～4r/min）加入色谱柱，定时取样。

2. 穿透曲线的测量实验方法

（1）确定一定的进样浓度，由贮备液配制其浓度。再确定一定的蠕动泵转速，向矿化垃圾生物反应床内开始进样，当第一滴进入反应床内，开始计时。

（2）出口处第一滴出水时开始计时，取样2～3min，间隔1h，再取样，依次类推。

（3）对所取样品做溶质浓度测定。

（4）取样直到出口浓度接近或等于入口浓度，或者连续3个出口取样浓度基本不变为止。结束实验。

（5）吸附柱再生。用自来水清洗吸附柱，由蠕动泵恒速进水，清洗直到出口溶质浓度在1mg/L左右为止，自然落干后以备再次使用。

3. 相关检测方法与数据分析方法

（1）检测方法　酚的测定采用4-氨基安替比林分光光度法。数据记录见表31-1。

（2）数据分析方法　实验数据用计算机作图（时间为横坐标，出口浓度为纵坐标）。

表31-1　矿化垃圾吸附苯酚的平衡数据

取样间隔	取样时间/min	溶质浓度/(mg/L)				
		100mg/L	200mg/L	300mg/L	400mg/L	500mg/L
1h						
1.5h						
2h						
2.5h						
3h						
3.5h						
4h						
5h						
6h						
7h						
8h						
9h						
10h						
⋮						

五、思考题

(1) 分析不同浓度曲线之间的区别，并分析原因。

(2) 分析实验穿透曲线和理想穿透曲线有什么不同，并分析原因。

(3) 试用现有的穿透曲线数学模型进行实验数据的模拟。

附：检测方法——挥发酚的测定

以 4-氨基安替比林直接光度法测定废水中挥发酚，该方法相当大部分工作量在分析样品的前处理预蒸馏阶段。耗费了分析工作者大量的时间和精力，使得分析过程冗长，本书对该方法进行了完善和改进，使废水中挥发酚的测定方法在保证原法同样的精密度和准确度的前提下，大大地缩短了分析测定时间，提高了工作效率，并就分析测试中需重点注意的环节方面进行探讨与分析。

1. 主要仪器

7221 型分光光度计；50mL 比色管；10mm 比色皿。

2. 主要试剂及配制方法

(1) 主要试剂　苯酚；对氯苯酚；乙醇；氨水；4-氨基安替比林；铁氰化钾。

(2) 试剂配制方法

① 无酚水　于 1L 水中加入 0.2g 经 200℃活化 0.5h 的活性炭粉末，充分振摇后，放置过夜。用双层中速滤纸过滤，或加入氢氧化钠使水呈强碱性，并滴加高锰酸钾溶液至紫红色，移入蒸馏瓶中加热蒸馏，收集馏出液备用。

② 苯酚标准贮备液　称取 1.00g 无色苯酚溶于水，移入 1000mL 容量瓶中，稀释至标线。置于冰箱内保存，至少稳定一个月。

③ 苯酚标准中间液　取适量苯酚贮备液，用水稀释至每毫升含 0.010mg 苯酚。使用时当天配制。

④ 缓冲溶液（pH 约为 10）　称取 20g 氯化铵（NH_4Cl）溶于 100mL 氨水中，加塞，置于冰箱中保存。

⑤ 20g/L 4-氨基安替比林溶液　称取 4-氨基安替比林（$C_{11}H_{13}N_3O$）2g 溶于水，稀释至 100mL，置于 4℃冰箱中保存，可使用一周。

⑥ 80g/L 铁氰化钾溶液　称取 8g 铁氰化钾 {$K_3[Fe(CN)_6]$} 溶于水，稀释至 100mL，置于冰箱内保存，可使用一周。

3. 测定步骤

(1) 标准曲线的绘制　于一组 8 支 50mL 比色管中，分别加入 0、0.50mL、1.00mL、3.00mL、5.00mL、7.00mL、10.00mL、12.50mL 苯酚标准中间液，加水至 50mL 标线。加 0.5mL 缓冲溶液，混匀，此时 pH 为 10.0±0.2，加 4-氨基安替比林溶液 1mL，混匀。再加 1mL 铁氰化钾溶液，充分混匀后，放置 10min，立即于 510nm 波长，用光程为 10mm 比色皿测量，以水为参比，测量吸光度。经空白校正后，绘制吸光度对苯酚含量（mg）的标准曲线。

(2) 水样的测定　分取适量的样液放入 50mL 比色管中，稀释至 50mL 标线。用与绘制标准曲线相同的步骤测定吸光度，最后减去空白实验可得实际样品吸光度。

（3）空白实验　以水代替水样，经蒸馏后，按水样测定步骤进行测定，以其结果作为水样测定的空白校正值。

（4）计算　按下式计算：

$$c=m/(1000\times V)$$

式中　c——挥发酚，以苯酚计，mg/L；

m——由水样的校正吸光度，从标准曲线上查得的苯酚含量，mg；

V——移取馏出液体积，mL。

实验三十二　矿化垃圾中微生物的分离与纯化

一、实验目的

矿化垃圾是一种特殊的土壤，里面含有的微生物无论是数量还是种类都是极其多样的，这些微生物在垃圾漫长的稳定化过程中实现了高耐受性和高抗性，具备了高效降解有毒有害物质的能力。因此，矿化垃圾是我们开发利用微生物资源的重要基地，可以从其中分离、纯化到许多有用的菌株。

通过本实验，主要达到以下目的。

(1) 了解矿化垃圾的概念，熟悉矿化垃圾中常见的微生物。

(2) 掌握常用的微生物鉴定方法和分离、纯化微生物的基本操作技术。

二、实验原理

(一) 矿化垃圾

1. 矿化垃圾的概念

城市生活垃圾填入填埋场后，经历一系列的物理、化学和生物反应的复杂而漫长的过程，在此过程中，垃圾中的可降解组分逐渐被分解，不再有渗滤液产生，而浸出的无机盐不断被带走，一些中间产物不断缩合变成新的复杂化合物，填埋垃圾体积逐渐缩小，填埋场表面不断发生沉降。经过一定时间填埋以后的垃圾，经历了最初的快速变化期，进入平稳变化期一定时间，垃圾中易降解物质完全或接近完全降解，其垃圾性质和组分在较短时间内不再有明显变化，而具有较强的相对稳定性，垃圾填埋场表面沉降量非常小（如$<$1cm/a），垃圾自然产生渗滤液和气体产生量很少或不产生，渗滤液 COD 浓度小于 100mg/L，垃圾填埋场达到稳定化状态即无害化状态，此时的垃圾称为矿化垃圾。

2. 矿化垃圾的性质

表 32-1～表 32-3 分别给出了矿化垃圾的化学性质、水力学特性及微生物学特性。矿化垃圾均取自上海老港垃圾填埋场。

表 32-1　两组矿化垃圾细料的主要化学性质

样品	含水率 /%	有机质含量 /%	pH	总氮(以 N 计) /%	总磷(以 P_2O_5 计) /%	阳离子交换量 /(cmol/kg)
1990 年填埋垃圾（填埋期 10 年）	34.0	9.69	7.65	0.41	1.02	68.7
1994 年填埋垃圾（填埋期 6 年）	27.5	10.47	7.42	0.76	1.18	71.4

表 32-2　两组矿化垃圾细料及不同质地土壤的饱和水力渗透系数 K_s 值

矿化垃圾及土壤	1990 年填埋垃圾	1994 年填埋垃圾	壤土	中砂土	粗砂土	砂、砾混合物
饱和水力渗透系数 K_s/(cm/min)	1.232	0.986	0.007～0.069	0.347～1.389	1.389～6.389	0.347～6.944

表 32-3　两组矿化垃圾细料及部分壤土的细菌总数值

矿化垃圾及土壤	1990 年填埋垃圾细料(上海)	1994 年填埋垃圾细料(上海)	红壤(杭州)	砖红壤(徐闻)	水稻土(江苏)	暗粟钙土(满洲里)
细菌总数/($\times10^6$ 个/g)	8.63	9.02	11.03	5.07	32.30	9.05

由以上数据可以看出，垃圾细料（<15mm）其有机质、总氮、总磷含量、阳离子交换量均大大超过砂土。其中，有机质含量高达 10%左右，与肥沃的壤土相类似；总氮、总磷含量也高于常规壤土的含量；阳离子交换量更是高达 68.7/(cmol/kg) 以上，比普通的砂土高出数十倍，比肥沃的壤土也高出 2～3 倍。其小于 0.25mm 细粒含量也较一般砂土高出近十倍，由于细小颗粒含量高，矿化垃圾必然具有更高的比表面积。此外，结合小于 0.25mm 细粒含量和质地的判别结果，矿化垃圾细料与一般土壤组分比较，其粒径分布具有倾向于两极分布的趋势。这些特性均表明矿化垃圾细料具有优良的理化性质，当其用作污染物处理介质时，能提供极好的吸附交换条件和优良的微生物生命活动环境。同时 1990 年和 1994 年填埋垃圾细料 K_s 值在数量级上接近中砂土、粗砂土和砂、砾混合物，显示出矿化垃圾细料具有极强的传输水能力，当其用作污水处理介质时，可允许很高的水力负荷。最后，由于生活垃圾在填埋场长期填埋过程中，不断发生着各种生物化学反应，尤以生物反应过程为主，这使得它逐渐成为一个微生物数量种类繁多、多相多孔的生物活体。与常规土壤相比，其细菌总数在数量级上与较肥沃壤土相接近。

综上所述，矿化垃圾其细料在物理化学性质和微生物学上均具有在自然条件下难以形成的、极为优良的污染物净化基质的特征。这些特性使矿化垃圾完全适合作为一种优良的生物反应器填料或介质，有着其他介质所无法比拟的优越性能。

3. 矿化垃圾生物反应床在废水处理中的应用

(1) 在利用粒径小于 15mm 的矿化垃圾生物反应床处理城市生活污水时，在 420.5m/a 水力负荷下，处理系统对城市污水的净化效果为，COD，总氮、氨氮、浊度和细菌总数的去除率可分别达到 85.2%、43.8%、89.3%、92.4%和 98.6%，出水 DO 含量从 0 增加到 6.53mg/L，出水达到国家一级排放标准。在矿化垃圾生物反应床处理渗滤液时，经过两级矿化垃圾反应床，在未翻松修复的连续运行条件下 COD 和 NH_3-N 的平均去除率在 80%和 60%左右，经过翻松修复并停运的 COD 和 NH_3-N 的去除率可分别提高到 90%和 60%左右。利用粒径小于 16mm 的矿化垃圾反应床处理畜禽废水，COD、NH_3-N、总氮、总磷和大肠杆菌的去除率分别为 92.7%、97.0%、15.7%、98.3%和 98.6%。可以看出，矿化垃圾不仅对 COD 有很高的去除率，而且除磷效果很强。

(2) 把矿化垃圾生物反应床用于有毒有害的酚类化合物的处理也有相关报道，在连续配水时间 6h、湿干比 1∶8、配水速率 0.254cm/min 的条件下，进水浓度为 20mg/L 时，苯酚的去除率在 95%以上，出水水质达到国家一级排放标准。对利用矿化垃圾生物反应床在污水处理中应用的研究结果进一步证明，利用矿化垃圾生物反应床污水处理技术不仅具有能耗低、处理成本低的特点，而且操作简单，技术可靠，是适合于我国现阶段环境污染状况及经济发展水平的治理技术。

（二）微生物的纯化

在土壤、水、空气或人及动、植物体中，不同种类的微生物绝大多数都是混杂生活在一起，当我们希望获得某一种微生物时，就必须从混杂的微生物类群中分离它，以得到只含有这一种微生物的纯培养，这种获得纯培养的方法称为微生物的分离与纯化。

为了获得某种微生物的纯培养，一般是根据该微生物对营养、酸碱度、氧等条件要求不同，而供给它适宜的培养条件，或加入某种抑制剂造成只利于此菌生长，而抑制其他菌生长的环境，从而淘汰其他一些不需要的微生物，再用稀释涂布平板法或稀释混合平板法或平板划线分离法等分离、纯化该微生物，直至得到纯菌株。

三、实验药品与器材

高氏1号琼脂培养基；肉膏蛋白胨琼脂培养基；马丁氏琼脂培养基；盛9mL无菌水的试管；盛90mL无菌水并带有玻璃珠的锥形瓶；无菌玻璃涂棒；无菌吸管；接种环；10%酚；无菌培养皿；链霉素；矿化垃圾样品。

四、操作步骤

1. 稀释涂布平板法

（1）倒平板　将肉膏蛋白胨培养基、高氏1号琼脂培养基、马丁氏琼脂培养基溶化，待冷却至55～60℃时，向高氏1号琼脂培养基中加入10%酚数滴，向马丁氏培养基中加入链霉素溶液，使每毫升培养基中含链霉素30μg。然后分别倒平板，每种培养基倒三皿，其方法是右手持盛有培养基的试管或锥形瓶，置于火焰旁边，左手拿平皿并松动管塞或瓶塞，用手掌边缘和小指、无名指夹住拔出，如果试管内或锥形瓶内的培养基一次可用完，则管塞或瓶塞不必夹在手指中。将试管（瓶）口在火焰上灭菌，然后左手将培养皿盖在火焰附近打开一缝，迅速倒入培养基约15mL，加盖后轻轻摇动培养皿，使培养基均匀分布，平置于桌面上，待冷凝后即成平板。也可将平皿放在火焰附近的桌面上，用左手的食指和中指夹住管塞并打开培养皿，再注入培养基，摇匀后制成平板。最好是将平板放室温培养2～3d，或37℃培养24h，检查无菌落及皿盖无冷凝水后再使用。

（2）制备　称取土样10g，放入盛有90mL无菌水并带有玻璃珠的锥形瓶中，振摇约20min，使土样与水充分混合，将菌分散。用一支1mL无菌吸管从中吸取1mL土壤悬浊液注入盛有9mL无菌水的试管中，吹吸三次，使充分混匀。然后再用一支1mL无菌吸管从此试管中吸取1mL注入另一盛有9mL无菌水的试管中，以此类推，制成10^{-1}、10^{-2}、10^{-3}、10^{-4}、10^{-5}、10^{-6}各种稀释度的土壤溶液。

（3）涂布　将上述每种培养基的三个平板底面分别用记号笔写上10^{-4}、10^{-5}和10^{-6}三种稀释度，然后用三支1mL无菌吸管分别由10^{-4}、10^{-5}和10^{-6}三管土壤稀释液中各吸取0.2mL对号放入已写好稀释度的平板中，用无菌玻璃棒涂在培养基表面，轻轻地涂布均匀。

（4）培养　将高氏1号培养基平板和马丁氏培养基平板倒置于28℃温室中培养3～5d，肉膏蛋白胨平板倒置于37℃温室中培养2～3d。

（5）挑菌　将培养后长出的单个菌落分别挑取接种到上述三种培养基的斜面上，分别置于 28℃和 37℃温室中培养，待菌苔长出后，检查菌苔是否单纯，也可用显微镜涂片染色检查是否是单一的微生物，若有其他杂菌混杂，就要再一次进行分离、纯化，直到获得纯培养。

2. 稀释混合平板法

此法与稀释涂布平板法基本相同，无菌操作也一样，所不同的是先分别吸取 0.5mL 稀释度 10^{-4}、10^{-5}、10^{-6} 的土壤悬浊液对号放入平皿，然后再倒入溶化后冷却到 45℃左右的培养基，边倒入边摇匀，使样品中的微生物与培养基混合均匀，待冷凝成平板后，分别倒置于 28℃和 37℃温室中培养后，再挑取单个菌落，直至获得纯培养。

3. 平板划线分离法

(1) 按稀释涂布平板法倒平板，并用记号笔标明培养基名称。

(2) 划线在近火焰处，左手拿皿底，右手拿接种环，挑取上述 10^{-1} 的土壤悬浊液一环在平板上划线。划线的方法很多，但无论哪种方法划线，其目的都是通过划线将样品在平板上进行稀释，使形成单个菌落。常用的划线方法有下列两种。一种是用接种环以无菌操作挑取土壤悬浊液一环，先在平板培养基的一边作第一次平行划线 3～4 条，再转动培养皿约 70°角，并将接种环上剩余物烧掉，待冷却后通过第一次划线部分作第二次平行划线，再用同法通过第二次平行划线部分作第三次平行划线和通过第三次平行划线部分作第四次平行划线。划线完毕后，盖上皿盖，倒置于温室培养。另一种是将挑取有样品的接种环在平板培养基上作连续划线。划线完毕后，盖上皿盖，倒置温室培养。

(3) 挑菌　同稀释涂布平板法，一直到菌分离、纯化至单一菌落为止。

五、实验结果与讨论

(1) 所实验的三种培养基平板上长出的菌落分属于哪个类群？简述它们的菌落形态特征。

(2) 在平板划线分离法的第一种方法中，为什么每次都需将接种环上的剩余物烧掉？

(3) 为什么要将培养皿倒置培养？

(4) 观察矿化垃圾中各种微生物的形态有何不同？

实验三十三　建筑垃圾表征与利用(制砖等)

一、实验目的

建筑垃圾大多为固体废物，一般是在建设过程中或旧建筑物维修、拆除过程中产生。在我国，每年产生的建筑垃圾超过1亿吨，对人们的生活环境造成了很大的危害。

建筑垃圾作为可循环利用的一种资源，越来越多地被用来制作混凝土砌块、粉煤灰砖等。通过本实验，可以达到以下目的。

(1) 掌握利用全组分建筑垃圾制备性能良好的免烧免蒸标准砖的方法。

(2) 了解国家对砖的性能要求。

二、实验原理

建筑垃圾中含有大量可再生利用的成分，从拆毁建筑物组成看，混凝土与砂浆片占30%～40%，砖瓦占35%～45%，陶瓷和玻璃占5%～8%，其他占10%。建筑施工垃圾中废混凝土与废砂浆占40%～50%，废砖瓦、陶瓷占30%～40%，其余占5%～10%。主要化学成分是硅酸盐、氧化物、氢氧化物、碳酸盐、硫化物及硫酸盐等，具有相当好的强度、硬度、耐磨性、冲击韧性、抗冻性、耐水性等，总体来说，强度高、稳定性好。

经初步分选、破碎后得到的建筑垃圾粉料，由于其含有一定的水泥凝胶、未水化水泥颗粒和$CaCO_3$，分别具有形成水化铝酸钙与水化硅酸钙、作为水泥水化晶胚和继续水化形成凝胶产物的能力，因此，可以采用物理和化学激发的方法，代替部分胶凝材料制备砖产品。

利用建筑垃圾制备环保免烧免蒸砖的工艺如图33-1所示。将建筑垃圾进行破碎后筛分，与胶结料和水搅拌混合，在60mm×60mm×30mm的模具内成型。

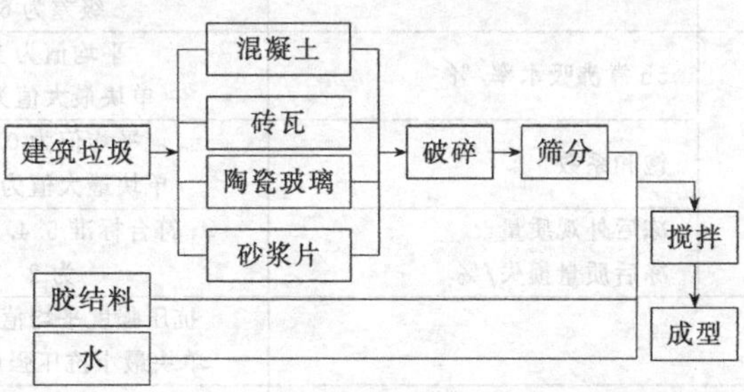

图33-1　利用建筑垃圾制备环保免烧免蒸砖的工艺

三、实验材料

(1) 建筑垃圾　取自城市拆迁楼，主要以块状混凝土、废砖、砂浆片为主，另有少量以细混凝土颗粒为主的砂土。

(2) 胶结料　实验中采用的胶结料的主要成分是硅酸盐材料，可通过实验参照《水泥胶砂强度检验方法》(GB/T 17671—1999) 进行测试，从不同配比的硅酸盐水泥熟料、高炉矿渣、煤矸石、粉煤灰、复合激发剂、水玻璃和硫酸钠材料中选出强度较理想的胶结料。

(3) 水　自来水。

四、实验步骤

(1) 将取来的建筑垃圾采用锤式破碎机进行破碎后以滚筒筛进行筛分，破碎细度应在2mm以下，粒径小于0.5mm的颗粒含量应大于50%，有条件的可以控制在1mm以下。

(2) 将建筑垃圾和胶结料分别按照9∶1、6∶1、4∶1和3∶1（质量比）的比例加水（水固比为0.13）混合，制成60mm×60mm×30mm的试件。

(3) 测试制备出来的试件的抗压强度，记录检测结果于表33-1。

表33-1　不同配比试样的抗压强度

试样号	建筑垃圾∶胶结料	抗压强度/MPa		
		3d	7d	28d
1	9∶1			
2	6∶1			
3	4∶1			
4	3∶1			

(4) 选择实验室较好的配方再进行中间实验，按《烧结普通砖》(GB/T 5101—2017) 检测实验产品，记录检测结果于表33-2。

表33-2　中间实验产品的性能

项目		标准要求	实测值
尺寸允许偏差	长度/mm	平均偏差为±3.0 级差为8	
	宽度/mm	平均偏差为±2.5 级差为7	
	高度/mm	平均偏差为±2.0 级差为6	
抗风化性能	5h煮沸吸水率/%	平均值为19 单块最大值为20	
	饱和系数	平均值为0.88 单块最大值为0.90	
	冻后外观质量 冻后质量损失/%	符合标准5.4.3要求 为2	
强度等级/MPa		抗压强度平均值为10.0 单块最小抗压强度为7.5	
外观质量/块 泛霜 石灰爆裂		不合格数为7/50 不允许出现严重泛霜 符合标准5.6合格品要求	

五、思考题

根据实验结果，讨论利用建筑垃圾制砖的可行性和现实意义。

实验三十四　煤矸石燃烧性能测定

一、实验目的

煤矸石是煤炭生产和加工过程中产生的固体废物，每年的排放量相当于当年煤炭产量的10%左右，目前已累计堆存30多亿吨，占地约1.2万公顷，是目前我国排放量最大的工业固体废物之一。煤矸石长期堆存，占用大量土地，同时造成自燃，污染大气和地下水质。煤矸石又是可利用的资源，其综合利用是资源综合利用的重要组成部分。燃烧和热量回收是实现煤矸石能源化和资源化利用的有效方式之一。

发热量是评价煤矸石的一个重要指标，也是进行燃烧计算时不可缺乏的基本数据。煤矸石的燃烧也要经历加热、挥发分析出、挥发分着火和燃烧及固定碳着火和燃烧4个阶段，包括非常复杂的物理和化学变化。开展煤矸石燃烧特性和规律方面的研究，对提高煤矸石的综合利用水平有重要意义。

通过本实验，可以达到以下目的。

（1）掌握测定煤矸石燃烧性能的原理和方法。

（2）通过煤矸石燃烧机理和动力学特性的分析，认识煤矸石的燃烧过程，为改进煤矸石燃烧技术和燃烧设备的设计提供指导。

二、实验原理和方法

煤矸石中含有少量可燃有机质，在燃烧时能释放一定的热量。一般来说，煤矸石发热量的大小与碳含量、挥发分和灰分有关，随挥发分和固定碳含量增加而增加，随灰分含量增加而降低。根据燃烧的分段情况，利用热重分析方法对煤矸石的燃烧特性进行分析，得到煤矸石的燃烧TG及DTG特性曲线，如图34-1所示。其中，TG为试样的失重，DTG为试样的失重微分，T为实验温度，W为试样质量，τ为时间。图中各特征点的意义为：A点为水分开始蒸发；B点为水分蒸发完毕；C点为挥发分开始析出；D点为挥发分最大失重率；E点为挥发分析出完毕；F点为固定碳的最大失重率；G点为燃尽点。图中煤矸石的燃烧过程明显地分为两个阶段：挥发分着火和燃烧阶段以及固定碳着火和燃烧阶段。

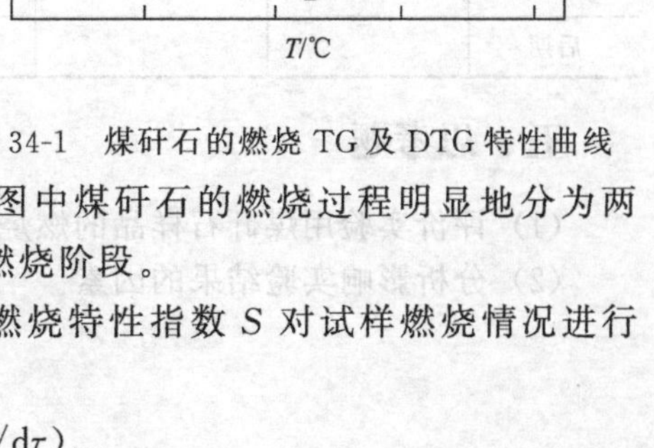

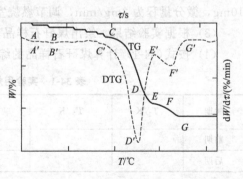

图34-1　煤矸石的燃烧TG及DTG特性曲线

为全面评价煤矸石试样的燃烧情况，采用综合燃烧特性指数S对试样燃烧情况进行描述：

$$S=\frac{(\mathrm{d}W/\mathrm{d}\tau)_{\max}(\mathrm{d}W/\mathrm{d}\tau)_{\mathrm{ave}}}{T_{\mathrm{i}}^{2}T_{\mathrm{h}}} \tag{34-1}$$

式中 $(dW/d\tau)_{max}$——最大燃烧速率，%/min；

$(dW/d\tau)_{ave}$——平均燃烧速率，%/min；

T_i——着火温度，K；

T_h——燃尽温度，K。

综合燃烧特性指数全面反映了试样的着火和燃尽性能，S 越大说明试样的综合燃烧性能越好。

三、实验设备

实验采用上海天平仪器厂生产的 ZRY-1P 型综合热分析仪。装置主要包括差热放大单元、天平控制单元、微分单元、气氛控制单元、数据处理接口单元、计算机和打印机等，装置如图 34-2 所示。热天平精度为 1μg；最大试样量为 1000mg；温度范围为室温～1000℃；实验气氛为空气；升温速率为 0.1～30℃/min。

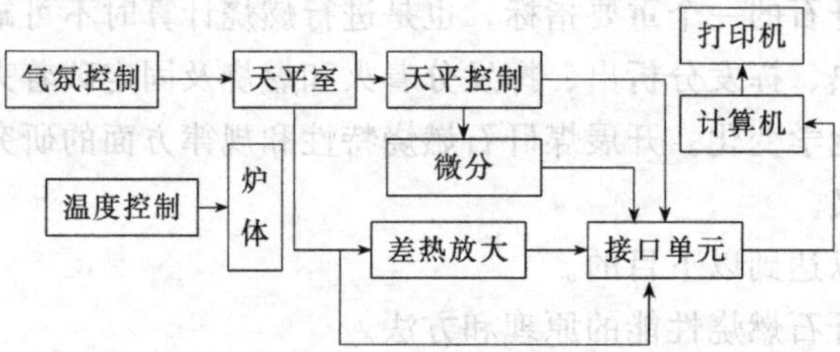

图 34-2 热综合分析仪装置示意图

四、实验步骤

(1) 将煤矸石样品磨碎，使粒度小于 110μm。

(2) 将煤矸石样品放入热综合分析仪，控制加热速率为 20℃/min，测重量程为 5～10mg，微分量程为 2mg/min，调节燃烧室内空气流量为 80mL/min。

(3) 根据实验结果，绘出煤矸石样品的 TG、DTG 特性曲线。

(4) 按式(34-1) 计算煤矸石样品的综合燃烧特性指数 S，列于表 34-1。

表 34-1 实验用煤矸石的综合燃烧特性指数

时期	T_i/K	T_h/K	$(dW/d\tau)_{max}$ /(%/min)	$(dW/d\tau)_{ave}$ /(%/min)	$S\times10^{11}$ /$(K^{-3}\cdot min^{-2})$
前期					
后期					

五、思考题

(1) 评价实验用煤矸石样品的燃烧性能。

(2) 分析影响实验结果的因素。

实验三十五　粉煤灰作为路基材料配制

一、实验目的

粉煤灰是一种质轻、多孔结构的颗粒材料，渗水性能较好，最佳含水量较大（在30%左右），压缩性能较好，是非常好的筑路材料，它不仅可以达到天然材料的各项路用性能，而且具备天然材料没有的性能优点，同时又可以实现粉煤灰资源的综合利用，是一种新的筑路替代材料。

通过本实验，可以达到以下目的。

(1) 掌握粉煤灰作路基材料应用的原理。

(2) 掌握粉煤灰路基材料的配制方法。

(3) 了解粉煤灰路基材料的施工方法。

二、实验原理

粉煤灰属于人工火山灰材料。从化学成分上看，粉煤灰中含有大量的 SiO_2、Al_2O_3、Fe_2O_3 及 CaO 等，通常 SiO_2、Al_2O_3、Fe_2O_3 的含量在70%～75%以上。从物理特性上看，粉煤灰的颗粒比较均匀，属于不良级配，颗粒相对密度较小，松干密度为450～700kg/m^3，为一般黏性土的2/3～3/4，属于轻质材料，而且孔隙比比较大，击实后的孔隙比在1.3左右。所以，粉煤灰特别适用于在软土地基上填筑路堤。从击实特性上看，粉煤灰的击实曲线比较平缓，其最优含水率较高，且可击实含水率区域较宽，这给施工带来极大的方便。在力学特性方面，粉煤灰具有较好的抗剪性能和较高的抗剪强度指标——内摩擦角，且其抗剪强度指标具有良好的水稳性，但纯粉煤灰的黏聚力较低，通常只有30～50kPa。黏聚力的大小取决于粉煤灰中 CaO 的含量，若 CaO 的含量较低（小于5%），则该粉煤灰属于低钙灰，黏聚力较小，自凝性较差。纯粉煤灰的颗粒较细，黏聚力较小，在一定程度上也影响了它的抗剪强度和利用粉煤灰所填筑路堤、地基等的稳定性和承载力。

在粉煤灰中掺入适量的水泥或生石灰粉末，在最优含水率条件下压实并达到一定的密实度，可以提高粉煤灰的抗剪强度，增强它的整体性、稳定性。其作用机理可见下列反应式：

$$CaO + H_2O \longrightarrow Ca(OH)_2$$

$$Ca(OH)_2 + SiO_2 + mH_2O \longrightarrow CaO \cdot SiO_2 \cdot nH_2O$$

$$Ca(OH)_2 + Al_2O_3 + mH_2O \longrightarrow CaO \cdot Al_2O_3 \cdot nH_2O$$

$$Ca(OH)_2 + Fe_2O_3 + mH_2O \longrightarrow CaO \cdot Fe_2O_3 \cdot nH_2O$$

上述反应所生成的水化硅酸钙（$CaO \cdot SiO_2 \cdot nH_2O$）、水化铝酸钙（$CaO \cdot Al_2O_3 \cdot nH_2O$）以及水化铁酸钙（$CaO \cdot Fe_2O_3 \cdot nH_2O$）等化合物为不溶于水的稳定性结晶生成物，可以在空气和水中逐渐硬化，将粉煤灰石灰拌和物中的固体颗粒胶结在一起，形成了较大的团粒结构，使得双灰拌和物的强度高于纯粉煤灰的强度。

三、实验材料的性质与要求

1. 粉煤灰

粉煤灰是组成混合料最基本也是最重要的一种原材料，要求 SiO_2、Al_2O_3、Fe_2O_3 的含量在70%左右，烧失量不宜大于20%，比表面积宜大于2500cm^2/g。细颗粒粉煤灰活性较好，对混合料加固有利，但对水的敏感性较强，从而增加了施工难度；粗颗粒粉煤灰较有利于施工。新出或陈积的粉煤灰其化学成分变化很小，拌制的混合料强度无明显差别，故均可采用。

2. 石灰和水泥

熟石灰应充分消解，生石灰要完全粉磨，均不含杂质。熟石灰中CaO与MgO含量之和宜大于50%，生石灰则宜大于60%；当含量在30%～50%时，应增加石灰剂量，但不宜超过混合料总干重的25%。镁石灰的后期加固效果尚优于钙石灰，两者均可采用。石灰类工业废料和石灰下脚料，在CaO与MgO含量之和不小于30%时，一般可以取代石灰。

普通硅酸盐水泥、矿渣硅酸盐水泥和火山灰质硅酸盐水泥均可作结合料。宜选用终凝时间较长的水泥。

3. 土

土并非是混合料中必不可少的部分，但考虑到为了降低工程造价、方便施工等因素，在混合料中常常掺入20%～50%的土。土的存在使混合料的性质发生变化，同时对压实有较大影响。因此，要求土的塑性指数以7～17为理想。各类土只要有机质含量小于8%和施工无困难时，均可考虑采用。

4. 粒料

为了提高混合料的早期强度，改善其缩裂性质，常常在混合料中掺入40%～60%的粒料，如重矿渣、钢渣、碎（卵）石、砂砾等。用作基层时，粒料最大粒径应不大于40mm或不大于压实厚度的1/3；用作底基层时，最大粒径不应超过50mm。粒料压碎值，对高速公路、一级公路应小于等于30%，二级、三级、四级公路应小于等于35%。若粒料有一定的级配，可增加混合料强度，但备料难度较大。因此，工程中不一定要求粒料有一定的级配。

5. 水

水是消解石灰、拌制混合料及基层养生所必需的。一般的地面水、地下水和自来水均可使用。若水源缺乏，也可考虑使用符合国家排放标准的生活污水。

四、实验内容及步骤

（一）配合比设计

1. 配料原则

大量实验资料和生产使用经验表明，粉煤灰石灰类基层的配料原则如下。

(1) 混合料必须具备能压密实的条件，混合料中细颗粒材料的压实体积必须大于粗粒料在疏松状态时的孔隙体积，即粗粒料在混合料中，处于“悬浮状态”。

(2) 压实混合料的加固强度，应能较好地形成。混合料中粉煤灰：石灰应在3：1（粒料用量较多时）～5：1（粒料用量较少时）的范围内。

2. 推荐配合比

粉煤灰石灰类混合料的最佳配合比，应在符合“配料原则”前提下，通过实验确定。但在生产中不一定要采用最佳配合比，根据不同情况和条件，选用经济实用的配合比。表35-1列出了常见的粉煤灰石灰类混合料的推荐配合比。

表 35-1　粉煤灰石灰类混合料配合比

混合料类别	编号	质量比(以总干重计)					
		粉煤灰	石灰	土	重矿渣	碎石	钢渣
粉煤灰石灰	①	75～85	25～15				
粉煤灰石灰土	②	40	12	48			
粉煤灰石灰重矿渣	③	45	10		45		
粉煤灰石灰碎石	④	50	10			40	
粉煤灰石灰钢渣	⑤	46	9				45

3. “悬浮原则”检验

在生产上采用的混合料配合比，首先必须符合以下条件，即“悬浮原则”：

$$\frac{m+n}{S_0}>kp\left(\frac{1}{W}-\frac{1}{G}\right)$$

式中　m，n，p——石灰、粉煤灰、粒料的质量比，以总干重计；

W——粒料松干密度，kg/m^3；

G——粒料假密度（即整块粒料干密度），kg/m^3；

S_0——$\frac{m}{m+n}$ ：$\frac{n}{m+n}$（石灰：粉煤灰）质量比混合料的最大干密度，kg/m^3；

k——悬浮系数，即施工和保证质量的系数，当 $p=30\%$时，$k=1$；当 $p=80\%$时，$k=2$；其他 p 值时，用插入法求 k 值。

如配合比检验不符合“悬浮原则”，则必须减少粒料用量或改善粒料孔隙率，直至符合原则后，方可在生产上采用。

(二) 混合料路用性质检验

粉煤灰石灰类混合料在最佳含水量下压实后，在一定温度（20℃）和湿度（>90%）下，强度随龄期增加有明显的增长，后期强度很高，实验结果见表 35-2。

表 35-2　混合料室内力学强度实验

力学指标	粉煤灰：石灰(80：20)	粉煤灰：石灰：土(35：12：53)	粉煤灰：石灰：钢渣(33：7：60)	石灰：土(12：88)
抗压强度/MPa	3.90(12.52)	2.01(3.98)	2.27(3.03)	1.07(1.93)
抗弯拉强度/MPa	1.19(3.14)	0.79(1.74)	0.80(1.28)	0.50(0.70)
抗压回弹模量/MPa	2100(8790)	1760(3770)	2330(4170)	730(1170)
抗弯拉回弹模量/MPa	3460(11300)	2270(3530)	2960(4850)	2310(2690)

注：试件是在饱水条件下实验，龄期为 1 个月、3 个月、6 个月和 1 年。表中列出了 1 个月和 1 年（括号中数字）力学强度指标值。

综合归纳专用试槽和实验段野外实测数据，列于表 35-3。

表 35-3　混合料基层回弹模量实验值

力学指标	龄期 1 个月	龄期 3 个月	龄期 6 个月	龄期 12 个月
粉煤灰石灰回弹模量/MPa	230～380	620	760～840	1200
粉煤灰石灰土回弹模量/MPa	240～510	630～740		
粉煤灰石灰粒料（矿渣碎石或钢渣）回弹模量/MPa	750	790	1000～2400	1500～3000

粉煤灰石灰土的室内5次干循环质量损失近于零，抗压强度比未干湿循环试件高30%以上。在生产性路段挖取的粉煤灰石灰粒料样品，浸没于室温水中，经过5年之久，样品无软化、崩塌现象发生，其坚硬程度仍类似贫水泥混凝土。可见粉煤灰石灰类混合料具有良好的水稳定性。

综合室内实验表明，粉煤灰石灰类混合料的5次冻融循环质量损失在0～2%，强度损失小于20%，而石灰土的5次冻融循环质量损失在5%～35%，可见粉煤灰类基层的抗冻性能远优于石灰土。铺筑在冰冻地区（天津）潮湿路段上的粉煤灰石灰类混合料道路基层，使用年限已达到26年之久，经过了几十次冻融循环，无损坏征兆，多次野外实测回弹模量值均在1000MPa以上，并具有较好的板体性质。

通过对大量实验结果的分析归纳，得到粉煤灰石灰加固类材料的收缩性质，见表35-4。

表 35-4 混合料收缩系数

混合料	温缩系数/$\times10^{-6}$			干缩系数/$\times10^{-6}$
	>0℃	−5～0℃	−20～−5℃	
粉煤灰石灰(3∶1～5∶1) 粉煤灰石灰粒料(粒料占50%左右)	10	10～50	50～8	200～50
粉煤灰石灰土(土占50%左右)	10	10～60	60～9	300～80

温缩系数为28d龄期最佳含水量试件（此时温缩最大，小于或大于最佳期含水量时均较小），在温度每降低1℃时的单位长度收缩量。干缩系数为含水量每减少1%时的长度收缩量。混合料在压实初期（小于7d）干缩系数取高值，当加固强度基本形成后（大于28d）则取低值。

（三）混合料基层设计

1. 强度分级

根据室内实验结果及路段的使用经验，将粉煤灰石灰类混合料按强度分为Ⅰ、Ⅱ、Ⅲ三个等级，其相应的18d龄期饱水试件无侧限抗压强度分别为2.0MPa、1.5MPa和1.0MPa，三个等级分别适用于重、中、轻交通量的道路。一般来说，粉煤灰石灰粒料适用于重交通量的道路基层；粉煤灰石灰适用于轻、中交通量道路的基层或重交通量道路的底基层；粉煤灰石灰土适用于轻交通量道路基层或中、重交通量道路底基层。以上道路是指柔性路面而言的，各种粉煤灰石灰类混合料均可用作刚性路面的基层。

2. 防止反射裂缝

由于粉煤灰石灰类基层属于半刚性基层，会因湿度、温度的变化而产生干缩、温缩裂缝。若在其上直接铺筑较薄的沥青面层，将产生反射裂缝，影响路面的使用性能及寿命。为此常用以下方法来防止裂缝的产生。

(1) 粉煤灰石灰混合料设计在满足“悬浮原则”前提下，尽可能加大粗粒料用量，以改善混合料的缩裂性质。

(2) 在粉煤灰石灰土类基层上设置石料联结层，使混合料基层缩裂不反射到沥青面层上来。

(3) 适当加厚沥青面层厚度，达15cm以上，减少沥青面层产生裂缝的可能性。

以上三种措施，可以单一采用，也可综合采用，能获得防止或控制反射裂缝的满意效果。

3. 回弹模量建议值

根据试槽和路段实测粉煤灰石灰类混合料基层的回弹模量实验值，及其在道路上的使用效果，推荐这类混合料 3 个月龄期的回弹模量设计参数建议值如下。

(1) 粉煤灰石灰土为 400～500MPa。当石灰粉煤灰用量较大时，取高限；反之，取低限。

(2) 粉煤灰石灰为 500～700MPa（粉煤灰∶石灰＝3∶1～5∶1）。

(3) 粉煤灰石灰粒料为 600～800MPa。当粒料为重矿渣、钢渣或碎石时，取高限；当粒料为砂砾或碎砖时，取低限。

(四) 混合料基层施工

1. 混合料拌和

石灰粉煤灰类混合料可以采用人工拌和、机械路拌和厂拌。人工拌和效率太低，劳动强度又大，除拌和少量混合料外，一般不宜采用。机械路拌效率虽高，但污染环境甚为严重；厂拌具有不污染环境、拌和均匀、效率较高等优点。拌和过程中，要注意拌和粒料较粗或粒料含量较大的混合料时，粗、细集料易“离析”，很难保证拌和质量。

2. 整形

用路拱板进行整形，并检查松铺厚度，不足之处进行找补整平。松铺系数应在施工时通过实验确定。

3. 碾压

碾压按先轻后重、由两侧向中央顺序进行，碾压至无明显轮迹，压实度达到要求为止。

石灰粉煤灰类混合料对水不太敏感，适合碾压的适宜含水量范围较大，这对碾压甚为有利。建议碾压含水量范围如下：

不含粒料混合料	$w_0-5\%\sim w_0+1\%$
含粒料混合料	$w_0-3\%\sim w_0$

4. 养生

养生是保证石灰粉煤灰类基层质量的最后程序，应保持一定的湿度，以促进强度增长，避免干缩裂缝。其方法有洒水、覆盖砂、低塑性土和沥青膜等保湿措施。养生期一般不少于一周。

五、实验结果与讨论

(1) 粉煤灰作路基材料应用的特点和意义。

(2) 对实验结果进行讨论，改进实验配方。

实验三十六　炼钢厂含锌烟尘的处理及锌资源回收

一、实验目的

炼钢厂烟尘中一般除含铁元素外，还含有锌、铅、镉、氯等杂质元素。很多炼钢厂烟尘中锌的含量较高（达15%～35%）。在高品位锌金属矿产资源日益枯竭的今天，将这部分锌回收利用对于炼钢厂烟尘的处理就具有重要意义，既变废为宝，充分回收了宝贵的金属资源锌，同时也避免了烟尘填埋或弃置所造成的环境污染，实现了废物资源化和无害化处理。

本实验主要测定烟尘中锌的品位以及碱法浸取过程中各操作因素对锌浸取率的影响。

通过本实验，希望达到以下目的。

(1) 了解炼钢厂烟尘的基本组成及所含金属元素的主要存在形态。

(2) 比较酸法和碱法在浸取过程中的异同及各自优缺点，了解碱法浸取过程中影响浸取率的各种因素。

二、实验原理

对于炼钢厂含锌烟尘，与酸法浸取不同，在碱法浸取过程中，锌进入溶液，若烟尘中铅的含量较高则也进入溶液，而其他杂质金属元素绝大部分仍停留在残渣中；净化时，将铅及其他微量溶解的金属从滤液中去除，得到富含锌的碱性溶液，同时得到铅渣（可回收铅）；通过电解工艺精制锌粉。

烟尘的碱法浸取与锌粉制备工艺流程如图36-1所示。

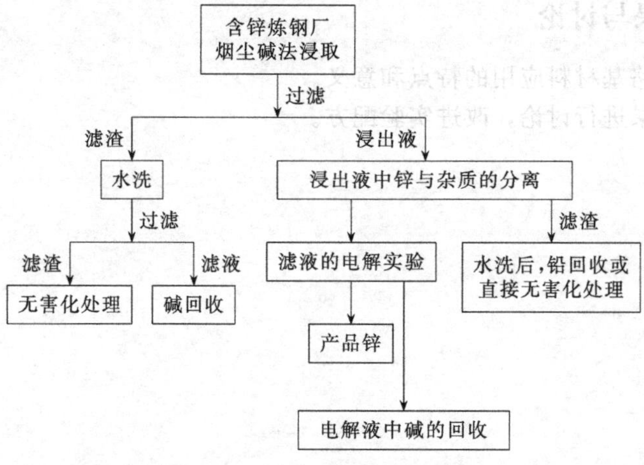

图 36-1　烟尘的碱法浸取与锌粉制备工艺流程

本实验包括三个部分：烟尘中锌的含量测定，碱法浸取，浸出液中锌的含量测定。后续浸出液中锌与铅等杂质金属的分离、电解制锌等操作，感兴趣的同学可选做。

三、实验仪器和试剂

1. 主要实验仪器

（1）CJJ-6 六联磁力搅拌器。

（2）TDL-5 离心机（转速 0～5000r/min）。

（3）PHS-25A 数字酸度计。

（4）FA2004N 电子天平。

（5）250mL 锥形瓶、1000mL 容量瓶及烧杯等若干。

2. 实验试剂

（1）二甲酚橙指示剂　0.5%二甲酚橙溶液。

（2）乙酸-乙酸钠缓冲溶液（pH 5～6）　称取 150g 三水乙酸钠（分析纯）于 250mL 烧杯中，加 10mL 冰醋酸，加蒸馏水溶解。移至 1000mL 容量瓶中，翻转摇匀，定容待用。

（3）锌标准溶液（溶液中含锌 1.0mg/mL）　准确称取 1.0000g 金属锌（99.99%）于 400mL 烧杯中，加 30mL(1+1) 盐酸，加热溶解，冷却后移入1000mL 容量瓶中，翻转摇匀，定容待用。

（4）EDTA 标准溶液[c(EDTA)≈0.015mol/L]　准确称取 5.7000g EDTA 二钠盐于 250mL 烧杯中，温热溶解，冷却后移入 1000mL 容量瓶中，翻转摇匀，定容待用。

EDTA 的标定方法是：准确量取 25.0mL 锌标准溶液于 250mL 烧杯中，加 1～2 滴二甲酚橙指示剂，用氨水（1+1）和盐酸（1+1）调至溶液出现橙色（pH 3～3.5），加 10mL 乙酸-乙酸钠缓冲溶液，用 EDTA 标准溶液滴定至呈现亮黄色，即为终点（注意：标定时须做空白实验）。

四、实验步骤

1. 烟尘中锌含量的测定

（1）准确称取 0.2000～0.5000g 烟尘试样（粒径小于 1mm）于 250mL 烧杯中，加 15～20mL 浓 HNO_3（分析纯），低温加热 5～6min，稍热加 0.5～1.5g 氯酸钾。

（2）在烧杯口上盖一表面皿，继续加热蒸发至近干，取下烧杯，并加蒸馏水使体积保持在 100mL 左右，加入 10mL 300g/L 硫酸铵溶液，加热煮沸，用氨水（1+1）中和并过量 15mL。

（3）加 10mL 200g/L 氟化钾溶液，加热煮沸 1min。取下加 5mL 氨水、10mL 乙醇。

（4）待溶液冷却后过滤，并用蒸馏水冲洗滤渣 2～4 次，将滤液和洗渣液移入 250mL 容量瓶中，加蒸馏水定容。吸取 50mL 或 100mL 于 250mL 锥形瓶中（若锌的品位小于 20%吸取 100mL，大于 20%则吸取 50mL）。

（5）低温下加热驱尽氨。

（6）加少许水，加入 0.5g 硫代硫酸钠、0.5g 硫氰酸钾、0.1g 亚硫酸钠、0.1g 硫脲和 0.2g 抗坏血酸等掩蔽剂。加 1～2 滴二甲酚橙指示剂，用盐酸（1+1）及氨水（1+1）调至溶液出现橙色。

（7）加入 10mL 乙酸-乙酸钠缓冲溶液，用 EDTA 标准溶液滴定至溶液呈现亮黄色，即为终点。记录滴定终点时共消耗的 EDTA 标准溶液的量，则烟尘样品中锌含量（即锌的品位）为：

$$w_{Zn}=5FV/m[\text{若步骤(4)中取 50mL 滤液}]$$

$$w_{Zn}=2.5FV/m[\text{若步骤(4)中取 100mL 滤液}]$$

式中 F——与 1.0mL EDTA 标准溶液相当的以克表示的锌的质量，g/mL；

V——滴定时消耗 EDTA 标准溶液的体积，mL；

m——称取试样的质量，g。

2. 碱法浸取过程

(1) 准确称取 10.0000g 烟尘样品（粒径应小于 1mm）至 250mL 锥形瓶中，加入 20～25g NaOH（分析纯），然后加入 70mL 蒸馏水。

(2) 在瓶口放置小漏斗（起冷凝回流作用），置于磁力搅拌器上加热并均匀搅拌 1～1.5h（温度 70～90℃，搅拌速度 300～900r/min）后，停止加热搅拌。

(3) 将混合液移至离心管中进行离心分离（转速 5000r/min，时间 10min）。注意：冲洗小漏斗和锥形瓶的蒸馏水也应加入混合液中。

(4) 离心结束后，将上清液移至 250mL 容量瓶中，过滤沉淀物，并用蒸馏水冲洗滤渣和离心管，将冲洗液一并移入 250mL 容量瓶中，加蒸馏水翻转摇匀定容至 250mL。从容量瓶中取 50mL 溶液进行分析。

3. 浸出液中锌含量的测定

测定溶液中锌含量的方法同上。

采用碱法浸取时，浸出率为：

Φ =5×EDTA 用量×EDTA 对应的锌浓度（即锌的每毫升质量）/矿样含锌量

=溶液中锌质量/（矿样质量×矿品位）

五、注意事项

(1) 测定烟尘中锌含量时，若试样中含有有机物，可在试样分解完成后加硝酸-硫酸(1+1) 冒烟赶尽。

(2) 必须认真调整 pH，否则会影响终点观察。

(3) 书中“盐酸（1+1）”指盐酸和蒸馏水的体积比为 1∶1，“(1+1)”指浓氨水和蒸馏水的体积比为 1∶1。

六、实验结果

观察实验现象，记录实验数据，并进行整理分析。

七、实验结果讨论

(1) 酸浸和碱浸过程有什么区别？各有什么优缺点？

(2) 碱法浸取时，浸出效率与什么因素有关？怎样提高浸出效率？

实验三十七　废酸渣和废碱渣的中和处理

一、实验目的

在石油加工、石油化工及煤焦油化工过程中都有废酸渣生成。酸渣的主要成分为硫酸、有机酸和油类等。这些酸渣大部分被作为危险废物进行处理，或直接作燃料燃烧。由于酸渣含有磺化物、硫化物和氮化物等有害物质，长期堆放，既占用大量的土地，影响景观，又严重污染周边的大气环境，危害人们的健康。

在氨碱法制碱过程中，为了分解 NH_4Cl，使氨能循环使用，在系统中加入石灰乳进行蒸氨，此过程生成的碱渣从蒸馏塔底排出。该碱渣的组成主要取决于制碱原料（石灰石及海盐）的成分，但各碱厂碱渣主要成分基本类似，其典型化学组成见表 37-1。

表 37-1　碱渣（干基）的化学成分含量

成分	$CaCO_3$	$CaSO_4$	$CaCl_2$	CaO	NaCl	Al_2O_3	Fe_2O_3	SiO_2	$Mg(OH)_2$	H_2O
含量/%	45.6	3.9	10.5	10.3	2.7	3.0	0.7	7.8	9.0	6.3

由表 37-1 可知，碱渣中以钙盐为主要组分，除 $CaCO_3$ 外，还有 $CaCl_2$、$CaSO_4$、CaO 和 $Ca(OH)_2$ 等。

处理酸渣的一项重要任务是对酸渣中的废硫酸再利用，因此可以考虑将废酸渣和含钙碱渣直接进行中和反应，制取固体硫酸钙，并对含油量高的酸渣进行油的利用。以废治废，变废为宝，实现酸碱废渣的资源化，同时减少了环境污染。

本实验测定了一定量的废酸渣和废碱渣中和后产生的沉淀物的量，并对沉淀物中的硫酸钙含量进行了测定。

通过本实验，希望达到以下目的。

(1) 初步了解废酸渣、废碱渣的来源、组成及对环境的危害。

(2) 加深对“以废治废”和“固废资源化”等概念的理解，并注重应用。

二、实验原理

酸渣和碱渣中和回收硫酸钙工艺流程如图 37-1 所示。

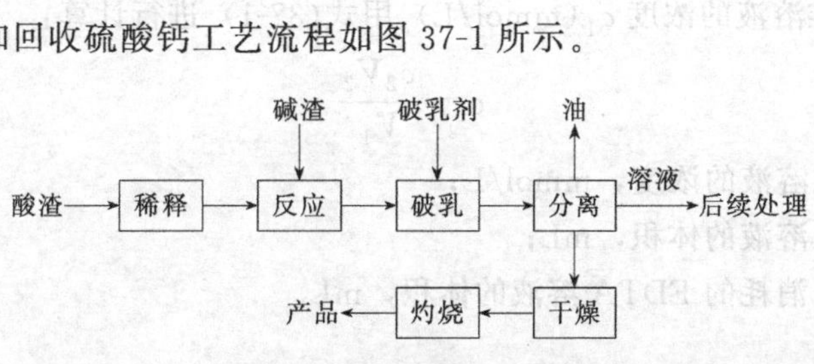

图 37-1　酸渣和碱渣中和回收硫酸钙工艺流程

废酸渣和废碱渣中和后，酸渣中的硫酸与碱渣中的钙盐反应，生成硫酸钙沉淀，反应 pH 在 6～8。反应结束后，加入破乳剂搅拌后静置，待液相分成有机和无机两相后，分离过滤，沉淀物经洗涤、干燥和灼烧后得到硫酸钙产品。

三、实验仪器和试剂

1. 主要实验仪器

（1）CJJ-6 六联磁力搅拌器。

（2）锥形分液漏斗（带铁架台），500mL。

（3）布氏漏斗。

（4）马弗炉。

（5）FA2004N 电子天平。

（6）干燥箱，(105±3)℃。

（7）250mL 烧杯，250mL 锥形瓶，1000mL 容量瓶。

（8）滴定管，50mL。

2. 实验试剂

实验中所用化学药品均为分析纯，实验用水为蒸馏水。

（1）2mol/L 氢氧化钠溶液　将 8g 氢氧化钠溶于 100mL 新鲜蒸馏水中。盛放在聚乙烯瓶中，避免空气中二氧化碳的污染。

（2）EDTA 二钠标准溶液（10mmol/L）　将一份 EDTA 二钠二水合物（$C_{10}H_{14}N_2O_8Na_2 \cdot 2H_2O$）在 80℃干燥 2h，取出放在干燥器中，冷却至室温。称取 3.725g 溶于蒸馏水，在容量瓶中定容至 1000mL，存放在聚乙烯瓶中，定期校对其浓度。

（3）钙标准溶液（10mmol/L）　将一份碳酸钙（$CaCO_3$）在 150℃干燥 2h，取出放在干燥器中，冷却至室温。称取 1.00g 于 500mL 锥形瓶中用水润湿。逐滴加入 4mol/L 盐酸至碳酸钙完全溶解，避免加入过量酸。加 200mL 水煮沸数分钟赶出二氧化碳，冷却至室温，加入数滴甲基红指示剂溶液（0.1g 溶于 100mL 60%乙醇中），逐滴加入 3mol/L 氨水直至变为橙色，在容量瓶中定容至 1000mL，此溶液 1.00mL 含 0.400mg（0.01mmol）钙。

（4）钙羧酸指示剂干粉　将 0.2g 钙羧酸与 100g NaCl 充分混合，研磨后通过 40～50 目筛，装在棕色瓶中，塞紧。

3. EDTA 二钠标准溶液标定

取 20.0mL 钙标准溶液，在锥形瓶中加蒸馏水稀释至 50mL。按照实验步骤（9）进行操作。

EDTA 二钠标准溶液的浓度 c_1（mmol/L）用式(37-1) 进行计算：

$$c_1=\frac{c_2V_2}{V_1} \tag{37-1}$$

式中　c_2——钙标准溶液的浓度，mmol/L；

V_2——钙标准溶液的体积，mL；

V_1——标定中消耗的 EDTA 溶液的体积，mL。

四、实验步骤

（1）准确称取一定量（约 10g）的酸渣样品 1 份，装入 250mL 烧杯中，加入 50mL 蒸馏水。

(2) 将烧杯放在磁力搅拌器上进行均匀慢速搅拌 3～5min，使酸渣与蒸馏水充分混匀，酸渣得到稀释。搅拌器转速为 200～500r/min。

(3) 向烧杯中缓慢加入碱渣，同时测定溶液的 pH。当 pH 上升至 7 左右时，停止加入碱渣。记录投加的碱渣量。

(4) 反应 5min 后，加入苯-苯酚溶液 (1+3)10mL，5min 后停止搅拌，将混合物转移至锥形分液漏斗中，用蒸馏水将烧杯洗涤 2～3 次，洗涤水也转入分液漏斗中。静置 1h。待液相中水相、油相分层后，进行分离，并分别用烧杯收集。

(5) 对含有沉淀物的水相进行过滤，洗涤滤物 3～4 次。

(6) 将滤物转移到干燥箱内进行干燥，去除其中的水分。然后转移至已经恒重并质量已知的坩埚内，放在马弗炉内 650℃条件下灼烧 45min，得到白色粉末。待温度降至室温后，称其质量 M。

(7) 称取一定量的粉末（记为 m）于 250mL 锥形瓶中，用 2mol/L HCl 溶液溶解完全。

(8) 向锥形瓶中滴加 2mol/L 氢氧化钠溶液至试样呈中性，注意应保证钙含量在 2～100mg/L(即硫酸钙含量 0.05～2.5mmol/L) 范围，若钙含量超出 100mg/L 时，应加水稀释至满足该要求范围。

(9) 向试样中加 2mol/L 氢氧化钠溶液至试样 pH 在 12～13 范围，加约 0.2g 钙羧酸指示剂干粉，溶液混合后立即滴定。在不断振摇下自滴定管加入 EDTA 二钠溶液。开始滴定时速度宜稍快，接近终点时应稍慢，最好每滴间隔 2～3s，并充分振摇至溶液由紫红色变为亮蓝色，表示到达终点。整个滴定过程应在 5min 内完成记录消耗 EDTA 二钠溶液体积的毫升数 V_3。

五、实验结果

产品中硫酸钙的含量 N(%) 用式(37-2) 计算：

$$N=\frac{c_1V_3}{m\times1000}\times A\times100 \tag{37-2}$$

式中　c_1——EDTA 标准溶液的浓度，mmol/L；

V_3——滴定中消耗的 EDTA 标准溶液的体积，mL；

m——产品试样的质量，mg；

A——硫酸钙的摩尔质量，136.14g/mol。

将实验过程中观察到的现象及相关数据整理，并记录在表 37-2 中。

表 37-2　酸渣、碱渣中和制取硫酸钙

平行实验	称取酸渣质量/g	消耗碱渣质量/g	实验过程中反应现象	产品质量 M/g	测含量时产品质量 m/mg	产品中硫酸钙含量 N/%
1						
2						

六、注意事项

(1) 由于制取的化合物 $CaSO_4$ 产品微溶于水，酸渣稀释水的加入量对实验结果有着较大的影响。

（2）搅拌速度的快慢影响沉淀的生成，也影响溶液中杂质进入沉淀的多少。

（3）由于溶液颜色较深，且成分较复杂，用控制 pH 来确定碱渣和氢氧化钠加入量的多少，对实验结果有较大的影响。

七、实验结果讨论

（1）酸渣和碱渣中和制取硫酸钙时，如何提高产品中硫酸钙的含量？

（2）酸渣、碱渣有无其他处理和资源化利用方法？若有，请举例。

实验三十八　钢渣用作印染废水处理的吸附剂

一、实验目的

印染废水是指棉、毛、麻、丝、化纤或混纺产品等在预处理、染色、印花和整理等过程中所排出的废水，具有成分复杂、毒性强、色度深、无机盐和有机物浓度高、难生化降解等特点。近年来，吸附法处理印染废水在新型吸附剂的开发、吸附处理工艺和机理等方面开展了广泛深入的研究。钢渣是炼钢过程中产生的固体废物，数量较大，由于其特殊的结构和成分，因此具有良好的过滤性能和吸附作用，对许多有害离子、杂质颗粒、溶解性有机物有良好的吸附作用，可用于印染废水的处理，通过“以废治废”实现良好的环境效益。

本实验测定振荡器转速、吸附时间、溶液 pH、温度、固液比等因素对钢渣吸附效果的影响，并绘制吸附等温曲线。

通过本实验，希望达到以下目的。

（1）初步了解钢渣吸附剂处理印染废水的原理和作用效果。

（2）了解和熟悉各种因素对钢渣吸附处理印染废水效果的影响。

二、实验原理

由于钢渣受到炼钢炉、炉料来源及操作条件等方面影响，因此它的性质变化很大，各钢铁厂的钢渣性质也有显著差异，但同一类型钢渣还是存在着相似点。纺织印染行业是重污染行业，分散染料、还原染料、硫化染料、冰染料及分子量较大的部分水溶性染料废水都可以采用混凝法进行脱色处理，其效果较好。但对于分子量较小的水溶性染料如酸性、活性、阳离子型等的染料废水，由于其亲水性强而难以从废水中直接分离，目前大多采用化学氧化法和吸附法或生化法进行脱色处理。钢渣的主要矿物组成一般为：β-C_2S、C_3S、C_3MS_2、CSH、RO 相和金属铁等。钢渣的矿物组成决定了钢渣具有一定的胶凝性（主要源于其中一些活性胶凝矿物的水化）。同时由于其特殊的结构和成分，具有良好的过滤性能和吸附作用，对许多有害离子，如重金属离子（镍、铬、砷、铜、铅等）、杂质颗粒、溶解性有机物有良好的吸附作用。

三、实验仪器和试剂

1. 主要实验仪器

（1）UV755B 紫外可见分光光度计。

（2）THZ-22(82 型）回旋台式恒温振荡器。

（3）TDL-5 离心机（转速 0～5000r/min）。

（4）PHS-25A 数字酸度计。

（5）FA2004N 电子天平。

（6）250mL 锥形瓶、1000mL 容量瓶若干。

2. 实验试剂

实验中活性翠蓝 K-GL、NaOH 等化学药品均为分析纯，实验用水为蒸馏水。

① 活性翠蓝 K-GL 浓度-吸光度标准曲线　分别准确称取 0.5mg、1.0mg、2.0mg、4.0mg、6.0mg、8.0mg、10.0mg、12.0mg 的活性翠蓝 K-GL（分析纯），置于 50mL 洁净烧杯中，用蒸馏水充分溶解后，依次转移至做好标记 1～8 的 8 个 100mL 洁净容量瓶中，定容至 100mL。则标号 1～8 的 8 个容量瓶中活性翠蓝 K-GL 浓度依次为 5mg/L、10mg/L、20mg/L、40mg/L、60mg/L、80mg/L、100mg/L、120mg/L。用分光光度计测其吸光度，绘制活性翠蓝 K-GL 浓度-吸光度标准曲线（活性翠蓝 K-GL 在 670nm 处有最大吸收，它在浓度较低时遵守朗伯-比尔定律，其浓度与吸光度成正比）。

② 100mg/L 活性翠蓝 K-GL 溶液　准确称取 100.0mg 活性翠蓝 K-GL（分析纯），转移至 1000mL 洁净容量瓶中，定容至 1000mL 备用。

四、实验步骤

本实验测定振荡器转速、吸附时间、溶液 pH、温度、固液比等因素对吸附效果的影响，并绘制吸附等温曲线。

（1）称取 1g 钢渣加入 250mL 锥形瓶中，然后加入 100mL 100mg/L 活性翠蓝 K-GL 溶液，调整振荡器转速为 120r/min，温度为 30℃，振荡吸附 20min，取样，样品经离心机 4000r/min 离心 10min，测定溶液的吸光度。根据吸附前后溶液浓度的变化计算出脱色率。然后改变转速为 150r/min、180r/min、210r/min、240r/min，其他条件不变，分别测定脱色率，确定适宜的振荡器转速（下面实验若无特别说明，均采用该振荡转速）。

钢渣吸附剂脱色率（%）按下式计算：

$$脱色率=\frac{C_0-C}{C_0}\times 100\%$$

式中 C——吸附染料后溶液的浓度（或吸光度）；

C_0——吸附染料前溶液的浓度（或吸光度）。

（2）称取 1g 钢渣加入 250mL 锥形瓶中，然后加入 100mL 100mg/L 活性翠蓝 K-GL 溶液，在步骤（1）选定的适宜转速下，在振荡吸附时间为 10min、20min、40min、60min、80min、100min、120min、140min、160min、180min 时，分别取样离心（4000r/min，离心 10min），测定样品溶液的吸光度，计算脱色率。确定适宜的振荡吸附时间。

（3）取干净的 250mL 锥形瓶 6 个，分别加入 100mL 100mg/L 活性翠蓝 K-GL 溶液，用 NaOH 调 pH 分别为 7、8、9、10、11、12，然后分别加入 1g 钢渣，其他实验条件相同，测定不同 pH 条件对钢渣吸附剂脱色效果的影响。

（4）取干净的 250mL 锥形瓶 4 个，各加入 100mL 100mg/L 活性翠蓝 K-GL 溶液，然后分别加入 1g 钢渣，调整实验溶液温度分别为 20℃、30℃、40℃、50℃，其他实验条件相同，测定不同温度对钢渣吸附剂脱色效果的影响。

（5）取干净的 250mL 锥形瓶 6 个，各加入 100mL 100mg/L 活性翠蓝 K-GL 溶液，然后称取质量为 0.5g、1.0g、1.5g、2.0g、2.5g、3.0g 钢渣，分别加入这 6 个锥形瓶内，吸附时间为 20min，其他实验条件相同，测定固液比值不同时的钢渣吸附剂脱色效果。

（6）在 30℃ 条件下，取干净的 1000mL 容量瓶 6 个，配制浓度分别为 50mg/L、100mg/L、150mg/L、200mg/L、250mg/L、300mg/L 活性翠蓝 K-GL 溶液。然后取干净

的 250mL 锥形瓶 6 个，分别加入 100mL 不同浓度的活性翠蓝 K-GL 溶液，再称取 1g 钢渣 6 份，分别加入这 6 个锥形瓶内，振荡吸附 24h，静置 4h 至吸附达到平衡，取样离心分离，测定离心液的吸光度，计算吸附量 Q，绘制吸附等温曲线。

五、注意事项

(1) 由于钢渣受到炼钢炉、炉料来源及操作等方面影响，因此它的性质变化很大，实验选用不同种类的钢渣对实验结果有一定的影响。

(2) 本实验旨在加深学生对以废治废、变废为宝的认识，实验量较大，根据课时可安排选做。

六、实验结果

记录实验测得的各项数据，并进行数据整理。

七、实验结果讨论

(1) 钢渣作为印染废水吸附剂时，振荡器转速、吸附时间、溶液 pH、温度、固液比等因素对吸附效果各有什么影响？其他影响因素有哪些？

(2) 吸附等温曲线在工程实际中有何指导作用？

实验三十九　粉末固体废物自然堆积密度测试实验

一、实验目的

生活垃圾焚烧飞灰等粉末固体废物由于其颗粒间空隙大，使得此类固体废物表观密度较小，对于日常堆存、运输转运过程，其自然堆积密度的确定具有现实的工程应用意义。本实验参考粉尘物性测定方法国家标准，对生活垃圾焚烧飞灰的自然堆积密度进行测定。

通过本实验，希望达到以下目的。

(1) 掌握粉末固体废物自然堆积密度的测试方法。

(2) 了解常见粉末固体废物的自然堆积密度。

二、实验原理

粉末从漏斗口在一定高度自由下落充满量筒，测定松装状态下量筒内单位体积粉末的质量，即粉末固体废物的堆积密度。

三、仪器

(1) 80 目（180 μm）标准筛，电热干燥箱。

(2) 自然堆积密度计（图 39-1），应水平放置在试验台上，其中，漏斗锥度为 60°±0.5°，漏斗流出口径为 12.7mm，漏斗中心与下部圆形量筒中心一致，流出口底沿与量筒上沿距离为 115mm±2mm，量筒内径为 39mm，容积为 100cm^3。

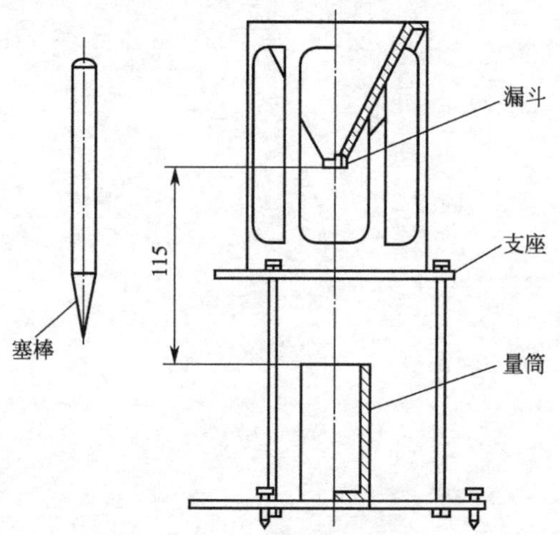

图 39-1　自然堆积密度计

(3) 分析天平，最大称量不低于 1kg，感量不低于 2mg。

(4) 容积 120mL 的盛样量筒，平直的粉末样品刮片。

四、实验步骤

(1) 取适量待测飞灰样品（大于 200g）在 105℃下干燥 4h，放置室内自然冷却后通过 80 目（180μm）标准筛除去杂物，待测。对于在低于等于 105℃就会发生化学反应或熔化、升华的粉末样品，干燥温度宜比发生化学反应或熔化、升华温度至少降低 5℃，并适当延长干燥时间。

(2) 将自然堆积密度计放置在试验台上，调整水平。

(3) 用塞棒塞住漏斗部流出口。将粉末样品装入盛样量筒，用刮片刮平后倒入漏斗中。

(4) 拔出塞棒使粉末自由落至下部量筒中，待漏斗中粉末全部流出后，用刮片将堆积于量筒上部粉末刮去。

(5) 把装有粉末的量筒放在天平上称重。

(6) 按步骤 (2)～(5) 重复测定 3 次，并按下式计算粉末样品堆积密度：

$$\rho_b=\frac{\frac{1}{3}(m_1+m_2+m_3)}{V}$$

式中　ρ_b——粉末堆积密度，g/cm^3；

m_1，m_2，m_3——测量 3 次分别称得的粉末质量，g；

V——校正后的量筒容积，cm^3。

连续 3 次测定所得的粉末质量最大值与最小值之差应小于 1g，否则进行重复测定，直至最大值与最小值之差小于 1g，取符合要求的 3 次测量平均值作为测定结果。

五、数据记录

实验数据可参考表 39-1 记录。

表 39-1　实验数据记录

日期：________　温度：________　湿度：________

样品：________　样品来源：________

序号	测样量筒质量/g	量筒＋粉末质量/g	粉末质量/g
1			
2			
3			
质量极差/g			
4			
5			
6			
质量极差/g			
……			
粉末自然堆积密度/(g/cm^3)			

六、实验结果与讨论

(1) 以相同方法测试多种粉末固体废物自然堆积密度，如稳定化后飞灰、粉煤灰、生活垃圾焚烧炉渣等，比较实验结果。

(2) 分析哪些因素（包括测量因素及粉末自身因素）会影响粉末固体废物的自然堆积密度？

实验四十　粉末类危险废物压缩密度实验

一、实验目的

生活垃圾焚烧飞灰等粉尘类危险废物，由于其粒径小，孔隙率大，颗粒间距离长，处理处置过程中极易造成粉尘逸散，且具高反应活性的比表面积大，在环境中能获得较好的传质速率，有利于其内部污染物质的扩散迁移，增加了环境污染。因此，对粉末类危险废物进行压缩处理，不仅能够大幅度降低其体积，减少了土地占用，同时也能够降低污染物释放速率，方便了其转运处置，降低了环境风险。同时，本实验也适合于一般固体废物粉末压制生产骨料和路基材料。

本实验以生活垃圾焚烧飞灰为实验对象，希望达到以下目的。

(1) 了解压缩预处理对粉末类危险废物密度的影响。

(2) 了解压缩预处理对粉末类危险废物浸出毒性的影响。

二、实验原理

粉末类废物在特定模具内，经一定压力作用压缩，其由松散堆积状态转为密实成型状态，体积减小，经脱模后形成具有固定形状的块状坯体，对坯体进行质量与体积测定，进而计算密度。

三、仪器

(1) 80 目（180 μm）标准筛，电热干燥箱。

(2) 15T 数显式粉末压片机（图 40-1），感量 0.1 MPa。

(3) 圆形压片模具，ϕ15mm。

(4) 数显游标卡尺，精度 0.02mm。

(5) 分析天平，精度 0.001g。

图 40-1　粉末压片机

四、实验步骤

(1) 取适量待测生活垃圾焚烧飞灰样品在 105℃下干燥 24 h，在干燥器内自然冷却至室温后通过 80 目（180 μm）标准筛，备用。

(2) 组装好压片模具，称量约 10g 飞灰样品，倒入压片模具内，盖上上模后，放置在粉末压片机上，拧紧放油阀，压动手动压把，进行压制，待压力表上升至 4.0 MPa，保压 1min。

(3) 拧开放油阀，取出压片模具，脱模取出压制后样品，并准确称量压坯质量 m。

(4) 用数显游标卡尺测量圆柱压坯高度，平行测量 3 次，取平均值 h。

(5) 按照实验二十所述测定方法，测定压坯重金属浸出毒性。

(6) 按照步骤 (2)～(5) 重复测定 3 次，并计算生活垃圾焚烧飞灰压坯压缩密度 ρ_p。

$$\rho_p=\frac{1}{3S}\left(\frac{m_1}{h_1}+\frac{m_2}{h_2}+\frac{m_3}{h_3}\right)$$

式中　S——圆形压片模具压制面积，m^2。

（7）按照步骤（2）～（6）分别测定表压 6.0MPa、8.0MPa、10.0MPa、12.0MPa、14.0MPa 飞灰压坯的压缩密度。

五、数据记录与处理

（1）根据粉末压片机所附表压与作用力曲线，根据模具压制面积，计算实验表压对应实际压制作用压强。

（2）实验数据可参考表 40-1 记录。

表 40-1　实验数据记录

表压/MPa	压制压强/MPa	编号	压坯高度 h/cm	压缩密度 ρ_p/(g/cm³)	平均压缩密度 $\bar{\rho}_p$/(g/cm³)
4.0		1			
		2			
		3			
6.0		1			
		2			
		3			
……					

（3）根据实验数据，绘制压缩密度与压制压强的曲线。

六、实验结果与讨论

（1）分析压缩密度与压制压强的定性关系。

（2）阐述高压压缩生活垃圾焚烧飞灰提高密度的机理。

实验四十一　生活垃圾焚烧飞灰玻璃化熔融实验

一、实验目的

飞灰熔融固化是一种比较彻底的固化稳定化处理技术。在1300℃以上，飞灰中有机物发生热分解、燃烧及气化，而无机物则熔融形成玻璃质熔渣或挥发为二次飞灰。熔融后，玻璃质熔渣密度显著增加，减容可达1/2以上，稳定的熔渣可作为路基材料。二次飞灰中的重金属含量较高，可以回收。

本实验以生活垃圾焚烧飞灰为实验对象，希望达到以下目的。

(1) 了解玻璃化熔融对危险废物减量减容的影响。

(2) 了解温度对危险废物熔融玻璃化程度的影响。

二、实验原理

测定焚烧飞灰碱度，根据熔融玻璃化的成分要求，外加添加剂对焚烧飞灰碱度进行调整，碱度调整后的焚烧飞灰放置于高温电阻炉中，于不同温度下进行焚烧飞灰熔融实验，收集熔融处理后熔渣，根据《粉末物性试验方法》(GB/T 16913—2008) 分别测定焚烧飞灰熔融前后密度，利用X射线多晶衍射仪分析焚烧飞灰熔融前后矿相结构变化，分别分析熔融温度对焚烧飞灰减量减容和玻璃化程度的影响。

三、仪器

(1) 80目 (180 μm) 标准筛，电热干燥箱。

(2) 高温箱式电阻炉，1600℃。

(3) 250mL刚玉坩埚若干。

(4) 分析天平，精度0.001g。

(5) 电磁制样机。

(6) X射线多晶衍射仪。

四、实验步骤

(1) 取适量碱度调整后焚烧飞灰样品在105℃下干燥24 h，在干燥器内自然冷却至室温后通过80目 (180 μm) 标准筛，备用。

(2) 称量约50g焚烧飞灰样品，记为M_0，倒入250mL刚玉坩埚中，盖上坩埚盖。每组实验称量三份平行灰样。记录坩埚及灰样总质量M_1。

(3) 将装有样品的刚玉坩埚放置于高温箱式电阻炉中。开启电阻炉，设置升温程序，设定熔融温度1500℃、熔融时间60min，运行电阻炉。

(4) 待电阻炉加热运行停止并冷却至室温后，关闭电阻炉，从电阻炉取出热处理后坩埚，准确称量坩埚及熔渣总质量，记为M_2。收集熔融后玻璃态熔渣。

(5) 按照步骤 (2)～(4) 分别进行1300℃、1350℃、1400℃、1450℃的熔融实验。

(6) 根据《粉末物性试验方法》(GB/T 16913—2008) 分别测定焚烧飞灰密度 ρ_0 及熔渣密度 ρ_s，计算焚烧飞灰熔融处置的减量减容比，计算如下：

$$R_M=\frac{M_1-M_2}{M_0}\times 100\%$$

$$R_V=\left(1-\frac{\rho_s}{\rho_0}\right)\times 100\%$$

式中 R_M——熔融减量率，%；

R_V——熔融减容率，%。

(7) 利用X射线多晶衍射仪测定焚烧飞灰及熔渣矿相结构，分析温度对熔融玻璃化程度的影响。

(8) 按照实验二十进行熔渣浸出毒性实验，说明熔融过程可消除飞灰浸出毒性。

注意事项：高温箱式电阻炉加热运行过程，注意高温防护，请勿在200℃以上打开电阻炉取样。

五、数据记录与处理

(1) 实验数据可参考表41-1记录。

表 41-1 实验数据记录

焚烧飞灰密度：______g/cm³

温度/℃	编号	灰样质量/g	坩埚＋灰样/g	坩埚＋熔渣/g	熔渣密度/(g/cm³)	减量率/%	减容率/%	表观现象
1300	1							
	2							
	3							
1350	1							
	2							
	3							
……								

(2) 根据实验数据，绘制熔融温度与减量减容率的曲线。

(3) 根据X射线多晶衍射数据，绘制灰样与熔渣的晶相谱图，确定对应矿相结构。

六、实验结果与讨论

(1) 分析熔融温度对焚烧飞灰熔融减量、减容效果的影响，分析定性关系。

(2) 对比灰样及不同温度熔渣的X射线谱图，分析熔融玻璃化矿相结构转变随温度的变化趋势。

(3) 以双因素实验设计法拟定碱度对熔融玻璃化效果影响的实验方案。

参 考 文 献

[1] 聂永丰．三废处理工程技术手册．固体废物卷．北京：化学工业出版社，2000.

[2] 张益，赵由才．生活垃圾焚烧技术．北京：化学工业出版社，2000.

[3] 郝吉明．大气污染控制工程实验．北京：高等教育出版社，2004.

[4] 赵由才，牛冬杰，柴晓利．固体废物处理与资源化．北京：化学工业出版社，2018.

[5] 李培生．固体废物的焚烧和热解．北京：中国环境科学出版社，2006.

[6] 赵由才．实用环境工程手册．固体废物污染控制与资源化．北京：化学工业出版社，2002.

[7] 王罗春，赵由才．建筑垃圾处理与资源化．北京：化学工业出版社，2004.

[8] 宁平，张承中，陈建中．固体废物处理与处置实践教程．北京：化学工业出版社，2005.

[9] 韩怀强，蒋挺大．粉煤灰利用技术．北京：化学工业出版社，2001.

[10] 廖正环．公路工程新材料及其应用指南．北京：人民交通出版社，2004.

[11] 张衍国，王哲明，李清海，张涛，田冯生，杨勇．炉排流化床垃圾焚烧的热态试验研究．热力发电，2005，(8)：19-22.

[12] 李清海，张衍国，任钢炼．1MW 循环流化床垃圾焚烧的试验研究．锅炉技术，2005，36(5)：66-70.

[13] 王秋红，熊祖鸿，黄海涛，李海滨．城市生活垃圾中可燃物的热解特性实验分析．郑州大学学报：工学版，2003，24 (2)：105-107.

[14] 奉华，张衍国，邱天，吴占松．城市污水污泥的热解特性．清华大学学报，2001，41 (10)：90-92.

[15] 刘建华，王君儒，陈景峰，黄逸胜，吕江波．垃圾焚烧炉实验台的设计．集美大学学报，2003，8 (2)：172-175.

[16] 张义利，程麟，严生，曲军，程琦．利用建筑垃圾制备免烧免蒸标准砖．新型建筑材料，2006，(5)：42-44.

[17] 蒋建国，张妍，许鑫，王军，邓舟，赵振振．可溶性磷酸盐处理焚烧飞灰的稳定化技术．环境科学，2005，26(4)：191-194.

[18] 张妍，蒋建国，邓舟，许鑫，赵振振．焚烧飞灰磷灰石药剂稳定化技术研究．环境科学，2006，27 (1)：189-192.

[19] 贺杏华，侯浩波，张大捷．水泥对垃圾焚烧飞灰的固化处理试验研究．环境污染与防治，2006，28 (6)：425-428.

[20] 冉景煜，牛奔，张力，蒲舸，唐强．煤矸石综合燃烧性能及其燃烧动力学特性研究．中国电极工程学报，2006，26(15)：58-62.

[21] 封晓黎．粉煤灰在京秦高速公路建设中的应用工程应用与研究．粉煤灰综合利用，1999，(4)：17-19.

[22] 董世翔，钱光人．利用 MSWI 飞灰构建新型填埋固化基质的研究．环境科学学报，2005，25(8)：1052-1057.

[23] 蔡木林，刘俊新．污泥厌氧发酵产氢的影响因素．环境科学，2005，26(2)：98-101.

[24] 梁文，满国红，蔺晓娟．沈阳市大辛生活垃圾卫生填埋处理场的防渗设计．环境科学与管理，2005，30(3)：83-84.

[25] 付胜涛，于水利，严晓菊．初沉污泥和厨余垃圾的混合中温厌氧消化．给水排水，2006，32(1)：24-28.

[26] 何文远，杨海真，顾国维．酸处理对活性污泥脱水性能的影响及其作用机理．环境污染与防治，2006，28 (9)：680-683.

[27] 林志芬，于红霞，许士奋，王连生．发光菌生物毒性测试方法的改进．环境科学，2001，22(2)：114-117.

[28] 谭怀琴，王贵学，赵由才，全学军．铬渣生物解毒实验．重庆大学学报：自然科学版，2006，29(9)：102-105.

[29] 柴晓利，郭强，赵由才．酚类化合物在矿化垃圾中的吸附性能与结构相关性研究．环境科学学报，2007，27(2)：247-251.

[30] 李鸿江，郭秀军，金春姬，等．垃圾填埋场渗漏电学监测系统设计及室内模拟试验．环境污染与防治，2005，27(4)：311-313.

[31] 刘清，赵由才，招国栋，郭翠香．EDTA络合滴定与酸碱滴定联合测定含锌碱性溶液中游离碱、锌和碳酸钠．冶金分析，2006，26(6)：10-13.

[32] 谢复青，李建章．钢渣吸附-高温再生处理活性翠蓝染料废水．化工技术与开发，2006，35(9)：42-44.

[33] 李鸿江．垃圾填埋场地下环境污染三维在线监测技术研究．青岛：中国海洋大学硕士学位论文，2005.

[34] 杨建设，韩寒冰，沈兴国，等．酸渣回收油和制取硫酸钙工艺的研究．茂名学院学报，2005，15(4)：1-4.

[35] 孙彦．生物分离工程．北京：化学工业出版社，2005.

[36] 公路土工试验规程（JTJ 051）.

[37] Zhao Youcai and Lou Ziyang. Pollution Control and Resource Recovery：Municipal Solid Wastes at Landfill. Elsevier Publisher Inc. 2017（Oxford OX5 1GB，United Kingdom and Cambridge，MA 02139，United States）.

[38] Zhao Youcai. Pollution Control and Resource Recovery：Municipal Solid Wastes Incineration Bottom Ash and Fly Ash. Elsevier Publisher Inc. 2017（Oxford OX5 1GB，United Kingdom and Cambridge，MA 02139，United States）.

[39] Zhen Guangyin and Zhao Youcai. Pollution Control and Resource Recovery：Sewage Sludge. Elsevier Publisher Inc. 2016（Oxford OX5 1GB，United Kingdom and Cambridge，MA 02139，United States）.

[40] Zhao Youcai and Huang Sheng. Pollution Control and Resource Recovery：Industrial Construction & Demolition Wastes. Elsevier Publisher Inc. 2017（Oxford OX5 1GB，United Kingdom and Cambridge，MA 02139，United States）.

[41] Zhao Youcai and Zhang Chenglong. Pollution Control and Resource Reuse for Alkaline Hydrometallurgy of Amphoteric Metal Hazardous Wastes. Springer International Publishing AG. 2017（Gewerbestrasse 11 6330 Cham，Switzerland）.